Urban Waterscape
& Facade
Greening Design

城市水景
与立面绿化设计

（德）乌菲伦 编

江苏科学技术出版社

图书在版编目（CIP）数据

城市水景与立面绿化设计 ／（德）乌菲伦编 ；梁楠，
扈喜林译 . -- 南京：江苏科学技术出版社，2014.3
ISBN 978-7-5537-2823-0

Ⅰ . ①城… Ⅱ . ①乌… ②梁… ③扈… Ⅲ . ①城市 -
理水（园林）-垂直绿化 - 景观设计 Ⅳ . ① TU986.4

中国版本图书馆 CIP 数据核字 (2014) 第 008198 号

城市水景与立面绿化设计

编　　　者	（德）乌菲伦
译　　　者	梁楠　扈喜林
项 目 策 划	凤凰空间
责 任 编 辑	刘屹立

出 版 发 行	凤凰出版传媒股份有限公司
	江苏科学技术出版社
出版社地址	南京市湖南路1号A楼，邮编：210009
出版社网址	http://www.pspress.cn
总 经 销	天津凤凰空间文化传媒有限公司
总经销网址	http://www.ifengspace.cn
经　　　销	全国新华书店
印　　　刷	北京建宏印刷有限公司

开　　　本	787 mm×1 092 mm　1 / 16
印　　　张	22
字　　　数	176 000
版　　　次	2014年3月第1版
印　　　次	2014年3月第1次印刷

标 准 书 号	ISBN 978-7-5537-2823-0
定　　　价	318.00元

目　录

序 言

　　水利工程是最为古老的城市文明活动之一。早在高级文明起源（公元前3000年左右，也就是文字产生的时间）之前，由带进水口和排水口的排水沟渠组成的水利系统已经成为农业发展的先决条件，而农业则恰恰是城市文明结构浮现的必要条件。以汉谟拉比国王之名命名的汉谟拉比法典（公元前1700年）中就记录了灌溉系统维护方面的相关知识，而被后人称为"空中花园"的塞米勒米斯梯田（公元前600年）当然也是人工进行灌溉的。

　　水利工程原意是提升水的系统，不久之后又涵盖了通过沟渠系统引导水的系统。荷兰人民数百年来利用圩田、溪流、水闸和水泵熟练地进行着水土保持，创造出更多可以利用的土地，也因此积累了丰富的处理水资源的经验。从尼禄宫殿"金宫"中发现的证据表明，古代水利工程在那时就已经开始使用水轮和阿基米德螺旋泵，并利用其运转艺术喷泉、水井和瀑布。这正是目前"水景"或"带水景观建筑"历史的开端。罗马人发明的这些设施，在罗马帝国土崩瓦解之后变成了一堆废墟，直到现代才被重建。从古代起，许多罗马教皇都重建了大型"水路"，建造时配以巨大的喷泉，以此代替最初的医药神庙（Asclepeion）来展示他们伟大的力量。举例来说，50米宽的特莱维喷泉就是克莱门斯七世（Clemens XII）在位的1732年到1762年间，基于尼科拉·萨尔维（Nicola Salvi）的设计，在维哥水道（Aqua Virgo）的终止处修建的。近代，许多精心设计的艺术喷泉出现在许多贵族公园中，比如卡塞尔威·廉高地宫（Schloss Wilhelmshohe）的山地公园

（Bergpark）。该公园由基诺凡内尼·弗郎西斯科·格雷罗（Giovanni Francesco Guerniero）修建，并于1785年由海因里希·里斯多夫·尤索（Heinrich Christoph Jussow）扩建。其中，所有的溪流、喷流、水道、瀑布以及52米高的喷泉都没有使用任何提升水的机械，仅仅依靠天然的梯度和一个4万立方米容积的蓄水池就完成了。今天，实现艺术喷泉的技术比起过去要容易操作得多。喷泉在艺术方面的目标是永恒不变的：水应该成为让游人感到愉悦的源泉，并且让整个景观更具活力。但是，水景不仅仅是艺术喷泉。平静的水池表面，像是一面镜子，倒映出周围的环境或天空，这也是一种水景。建造堤岸、将建筑移入水体也都属于水景的范畴。

　　本书展示了景观建筑中出现的不同形式的水景。除了大型的景观设计之外，还包括瀑布、人行道喷泉、有精确轮廓线的水面、屋顶雨水，甚至小水池。这些水景设计展示了水如何融入建筑，如何与建筑发生矛盾，如何成为建筑的延续；如何制造出宁静或充满活力的气氛，吸引游人的注意或引导他们前进。水，虽然在有些建筑中仅仅是很小的一部分，但往往也是建筑设计中最具决定性的要素。

雅各布·伊萨克松·范·雷斯达尔（Jacob Isaacksz. van Ruisdael）：杜赫斯特德的韦克磨坊，1670年（局部）。

米歇尔湖

地　　点：南非，开普敦
景观设计：塔尼亚·德·伊利尔斯（Tanya de Villiers），
　　　　　CNdV Africa
客　　户：普兰信托（Plan Trust）
图片提供：克里斯托弗·埃耶利（Christof Heierli）

　　米歇尔湖坐落在诺德霍克（Noordhoek）30万平方米的盐湖（saline lake）附近，是一个环境幽静的地区。这个景观建筑就建在7万平方米的池塘和芦苇滩上，既能使建筑的产业增值，同时又实现了通风和对湖水的净化。道路、桥梁、池塘、木板路、灯光、标牌以及绿地空间的精心设计，营造出一种独特的氛围。芦苇滩、沙滩和岛屿形成了鸟类的栖息地。建筑的场地被大面积的非本土植物覆盖，但是也有大约5万株本土植物被保留了下来。这些措施保证了建筑的可持续性，也让场地与毗邻的自然区域融为一体。

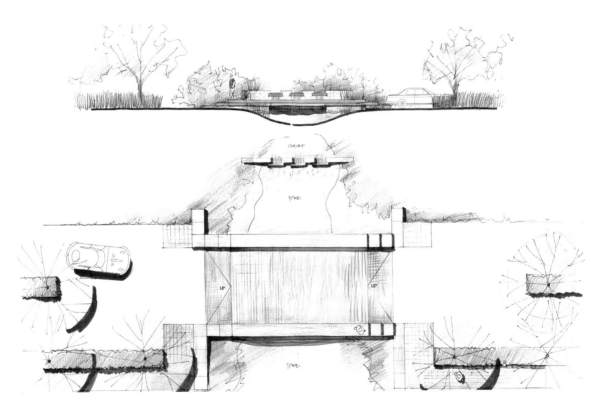

左图：入口的小桥和循环池。
右图：一个桥跨的概念规划。

上图：进入场地需要穿越一个池塘，而这表明水就是这里的主题。
下图：防波堤正是水上运动湖区的通路。
右图：阔叶乔木、本土草植和其他透水地面。

光宝总部

地　　点：中国，台北市
景观设计：SWA集团
建　　筑：Innerscapes设计公司
客　　户：Artech-Inc.
图片提供：汤姆・福克斯（Tom Fox）

　　SWA 为光宝在台北的电子总部进行了景观设计。该场地的总面积为 10 152平方米。建筑方案为一个25层的塔楼，坐落在一个巨大的平台之上。设计中特意强调了面向城市与河流的平台花园景观。此外，设计的重点是将平台花园以及下方的庭院与建筑外景观区融为一体。在 LEED 认证已经成为当今许多项目的目标之前，业主就已经规划出了可持续发展的远景，而现在的景观仿佛就是一个绿色的大屋顶——这应该是台北该类建筑中第一个由私人开发商提议并兴建的项目。

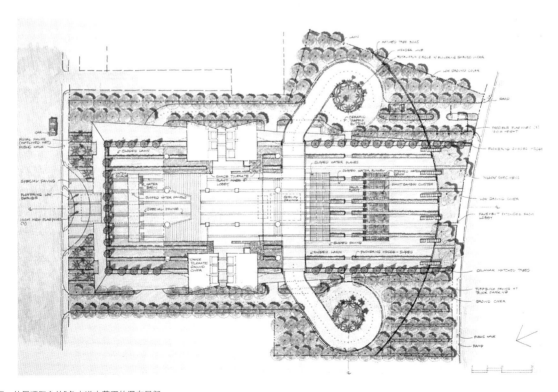

左图：从屋顶阳台的5条水道中落下的瀑布局部。
右图：场地的总体规划。

上图：陡坡区的斜屋面阳台花园。
下图：屋顶阳台的5条水道之一。
右图：庭院花园的中空区域是饮食区和会议区。

香港湿地公园

地　　点：中国，香港
景观设计：Urbis Limited
建　　筑：香港建筑署
客　　户：香港渔农自然护理署
图片提供：建筑师提供

　　香港湿地公园被认为是环境友好型，并能提供可持续发展的最佳案例。作为香港唯一的一家湿地公园，园区旨在同时满足环境保护、旅游、教育和娱乐等功能的要求，其建筑的结构针对屋顶景观和木材色调进行了专门设计。游客中心由展览厅、办公室、咖啡厅、纪念品商店、游乐区和洗手间组成，而湿地探索中心、三个观鸟屋以及固定或浮置的木制人行道则位于在外围区域重建的湿地栖息地中。所有这些功能都是为了支持湿地环境保护的目的。

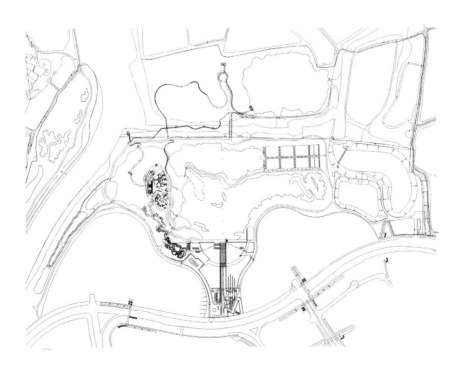

左图：入口广场，通向草坪屋顶上的游客中心。
右图：场地规划。

上图：游客中心在湖中的倒影。
下图：平整的混凝土墙静静地矗立在湖边。
右图：荷花池边的探索中心。

巴希尔山口

地　　点：黎巴嫩，法克拉市
景观设计：Vladimir Djurovic 建筑景观设计
建　　筑：卡迈勒·霍姆西（Kamal Homsi）
客　　户：吉米·巴希尔（Jimmy Bassil）
图片提供：杰拉尔丁·布朗尼尔（Geraldine Bruneel）

　　这个项目的挑战在于，要在一个非常狭窄的场地中为各种建筑功能提供足够的空间。整个花园几乎都建立在房子周围4.5米的建筑退台之上。该项目由多片休息区、带悬臂式按摩浴缸的水体镜面、游泳池、带一排长椅的露台、壁炉和烧烤区组成，在水体镜面下有一个户外酒吧区。按摩浴池和游泳池形成了一组令人惊奇的景观。由坚实的石头和红雪松木组成的踏脚石浮出水面，引导客人进入酒吧区。那一排长椅则可以作为一个安全栏杆，也可以作为大型集会的休息区。

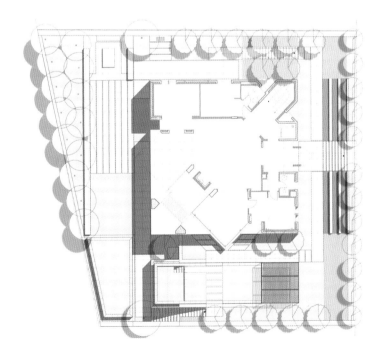

左图：倒映出住所的水体镜面，反映出这个狭窄场地的全景。
右图：场地规划。

上图：宁静的水体镜面，扩展了这个狭小的空间。
下图：悬臂按摩浴缸遮住了下面的酒吧区。
右图：从里到外的水景和全景。

赛灵思科罗拉多州公司园区

地　　点：美国，科罗拉多州，朗蒙特市
景观设计：Dtj Design
建　　筑：Dtj Design – Architecture
客　　户：赛灵思
图片提供：罗布·威廉姆森（Robb Williamson）

　　Dtj为该项目设计了总体规划、景观建筑和其他建筑。该设计利用现有湿地、树木、小溪和山景，而最终版的设计将对这些环境的影响降低到了最小。景观材料被用来加强建筑的效果。石头、水和植物都被融入到建筑当中，将建筑与场地结合，形成了一个完美无瑕的室内、室外关系。建筑景观包括私人室外房间、工作场所、会议区和静居处。可持续性的设计引入了许多概念，如节能、"绿色"产品的使用，原生材料，水、暴雨雨水管理措施等。

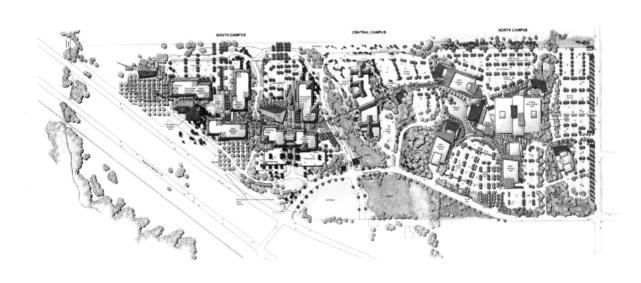

左图：桥下的小瀑布。
右图：总体规划。

上图：冬季花园。
下图：停车场。
右图：人工开凿的山涧。

丰洲市区码头拉拉港

地　　点：日本，东京
景观设计：Earthscape
建　　筑：Laguarda.Low Architects
客　　户：三井不动产集团有限公司、石川岛播磨重工公司
图片提供：Koji Okumura、日本Forward Stroke

　　拉拉港（LaLaport）是日本著名的购物商场，提供观光、娱乐和购物等服务。它位于东京江东区丰洲的中心，面积为6.7万平方米。由于面对着晴海运河，这里仍然有许多造船业的遗迹。Earthscape事务所得到的委托是将这里发展成为一个横跨两个街区的综合性商业中心。设计师侧重于保护古代遗址和展现动态的街景。老码头的周围被改造成娱乐区。有些遗迹，如起重机和螺旋桨，被精心保留下来，并被用来创造出一片充满回忆和乐趣的天地。还有一条海滨长廊，可供人们愉快地散步。

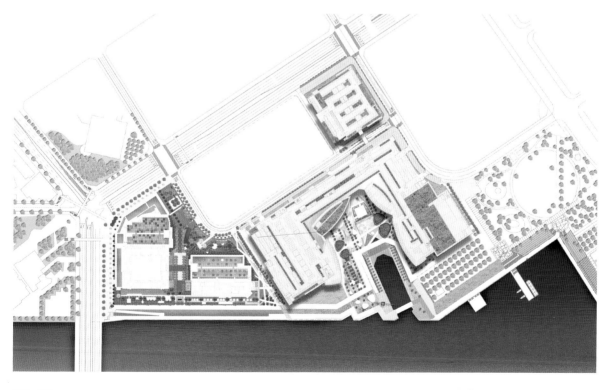

左图：选址。
右图：场地规划。

上图：黎明。
下图：海湾的小路。
右图：城市码头。

2006年Casa Cor展览会

地　　点：巴西，圣保罗
景观设计：Marcelo Novaes Paysagismo LDTA.
客　　户：Casa Cor
图片提供：建筑师

　　Casa Cor展览会是南美洲最令人期待的建筑、装饰和景观美化活动之一。该地区最顶尖的建筑师和景观艺术家聚集在这里展示自己的作品。该展馆坐落在一个赛马俱乐部的户外沙龙之中，配备了休息室的投注区以及一个酒吧，都正对着跑马的赛道，能够让观众舒适地享受比赛带来的快乐。设计中最重要的一点就是自然材料的使用，使这个建筑具备了舒适性、功能性和审美方面的吸引力。水与火元素的应用，更加营造出华丽而又令人愉快的氛围。

左图：黄杨木和也门铁树边的喷泉。
右图：壁炉上耸出的喷泉。

上图：沙龙入口处的喷泉恭迎客人的到来。
下图：黄杨木和也门铁树边的喷泉。
右图：暗色花岗岩道路，喷泉一直延伸至壁炉，火焰倒映在水中。

萨拉戈萨世博会河景水族馆

地　　点：西班牙，萨拉戈萨
景观设计：阿尔瓦罗·布兰契洛（Álvaro Planchuelo）
建　　筑：阿尔瓦罗·布兰契洛（Álvaro Planchuelo）
客　　户：2008年萨拉戈萨世博会皇家组委会
图片提供：阿尔贝托·古巴（Alberto Cubas）、里卡多·桑通加
　　　　　（Ricardo Santonja）

　　"水与可持续发展"是2008年在埃布罗河旁举办的萨拉戈萨世博会的主题。河景水族馆（Acuario Fluvial），展现了著名的河流的水景，如尼罗河、亚马逊河、湄公河、达令河和埃布罗河，用这些世界上的主要河流来表现史前的海洋。水族馆的各个空间是通过穿梭于中央巨大空间的走道相互联接的。其外立面由各种材料包裹制成。

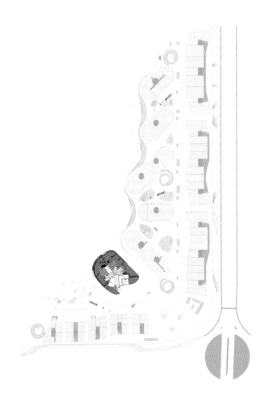

左图：露台，"冰湖"。
右图：场地规划。

上图：西侧正面图，"高山冰川，干旱土地，石头流水"风景。
下图：露台，从"旱地"看向"冰湖"的风景。
右图：水族馆入口，"高山冰川"。

瑞士联邦广场

地　　点： 瑞士，伯尔尼
景观设计： Stauffenegger + Stutz，史蒂芬·曼德韦勒（Stephan Mundwiler）
客　　户： 瑞士伯尔尼市政府
图片提供： 鲁迪·瓦尔第（Ruedi Walti）

　　联邦广场是瑞士最著名的广场。60米×30米的矩形天然石材正好反映了议会大厦的几何形状。表面十分粗糙的瓦尔斯片麻岩大石板被对称放置，形成了大面积的装饰。石材表面被一道轻微弯曲的光带穿过，象征着人群在向联邦大厦汇集。喷泉的喷口汇入地面，使广场看起来更像是一个三维的空间元素。该项目在2006年赢得了美国建筑师协会（AIA）城市设计荣誉奖。

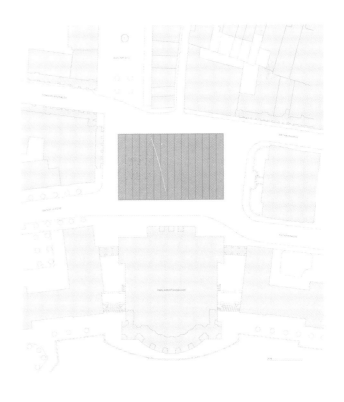

左图：喷泉夜景。
右图：场地规划。

上图：整体鸟瞰图。
下图：黄昏的喷泉。
右图：光带。

斯坦利公园鲑鱼河

地　　点： 加拿大，温哥华
景观设计： PWL 景观设计师事务所
客　　户： 温哥华公园和康乐局及温哥华水族馆海洋科学中心
图片提供： 亚历·皮罗（Alex Piro）

　　坐落在占地405万平方米的历史上著名的温哥华斯坦利公园之中，斯坦利公园的鲑鱼河是一条人工河流，河水连接到相邻的煤港，并成功地保护了那些返回的鲑鱼。项目的主要目标是利用从温哥华水族馆中排出的盐水，以解决市区鲑鱼栖息地不断丧失的紧迫问题，并开辟硬质景观区。该河流占用了约1万平方米的停车场的空间，由上层淡水部分和下层海水部分组成，两股水流被堰分开。一系列介绍展板阐述了河水保护和重新繁殖鲑鱼及虹鳟的重要性。

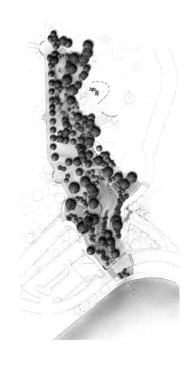

左图：梯级的瀑布，专为特定种类的鲑鱼设计。
右图：引入斯坦利公园的全新的鲑鱼河流。

上图：带观景台的休息池。
下图：大块木屑和植被，有助于营造鲑鱼的栖息地。
右图：河流的深度、宽度和植被的多样性均模仿自然河流。

Remanso de las Condes

地　　　点：智利，圣地亚哥
景观设计：Arqui-K Arquitectura + Paisaje
建　　　筑：卡拉·阿利亚加（Karla Aliaga），卡罗尔·里廷（Carol Litin），奥马尔·加里多（Omar Garrido）
客　　　户：Inmobiliaria DICAL
图片提供：伊塔洛·阿里亚萨（Italo Arriaza）

　　该设计的重点是利用本土物种、阿根廷相思木和多种不同的地面纹理，将当地生物环境融入设计。整个布景线在其中一间公寓房边断开，而外线还在继续，并加入更多自然的外线来营造这个景观。水平和垂直元素的加入（水镜、竹），增加了房屋建筑的棱角感。在这所房子的花园中，苔藓和爬藤类植物被用来覆盖所有自然的和人造的斜坡，整个风景和观赏类的树木融为一体，如塞浦路斯旱伞草（风车草），鸡爪枫（鸡爪槭）和痒痒树（紫薇）。

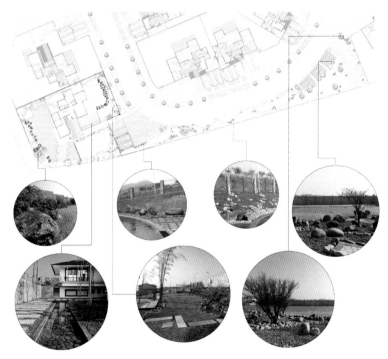

左图：入口处的水镜。
右图：场地规划。

上图：带棱角的形状和多种纹理让人觉得醒目。与众不同的棱角设计使整个花园有一种方正的感觉。
下图：周边花圃的景色。
右图：灰色砾石岛和砂砾人行道。

Het Lankheet 水上公园

地　　点：荷兰，哈克斯贝亨
景观设计：阿姆斯特丹 Strootman 景观设计事务所
客　　户：Lankheet BV
图片提供：哈利·库克（Harry Cock）（52，55），阿姆斯特丹
　　　　　　 Strootman 景观设计事务所（54）

　　设计将"Het Lankheet"的国家产业转变成一个壮观的水上公园，也展示了水净化系统的规律。水利机械的几部分被水域和蜿蜒的堤坝连接起来，这里既是整个空间的骨干，也被打造成一个观景台。新的森林正在被种植，以营造一个神话般的氛围，而现有的部分森林则被改造成一处花园林地。宽畅的新水道系统创建出了一个几乎可以进行冥想的环境。在蜿蜒堤坝的指引下，游客沿着这条复杂而又多雾的通道迂回前行，而那辽阔的林地就好像永久不变的背景幕一样。

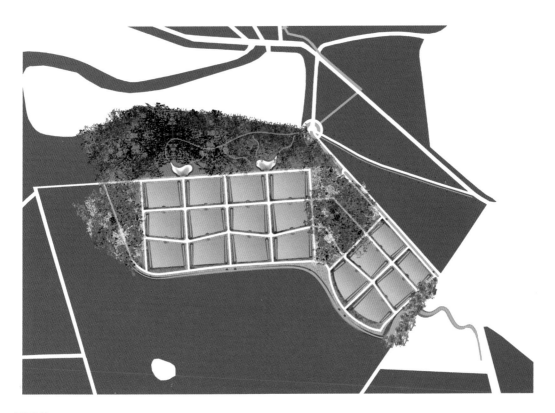

左图：堤坝全景。
右图：水上公园总体规划。

上图：游客在过滤塘中。
下图：林地与池塘。
右图：长满芦苇的过滤塘。

山脊和山谷

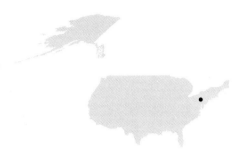

地　　点：美国，宾夕法尼亚州
景观设计：斯特西·利维（Stacy Levy）
建　　筑：MTR景观设计师事务所
客　　户：宾夕法尼亚州立大学
图片提供：弗莱德瑞克·韦伯（Fredric Weber）(56, 59), 斯特西·利
　　　　　　维（Stacy Levy）(58)

　　山脊和山谷地区的斯普林河流域在一块青石平台上得到重建。三条巨石"脊"从平台崛起，并形成了可供休息的矮墙。该地区所有的小溪和水道都被描刻在青石平台0.63厘米深的水渠中。当水渠没有水时，这个平台就是本地区地质和流域的缩影。但是下雨时，雨水落到平台上，沿着刻出的水渠流出，形成了一个微型流域。该作品既是因地制宜的项目，也是一个工程系统，它也给了游客一个机会来感受水文循环的神奇。

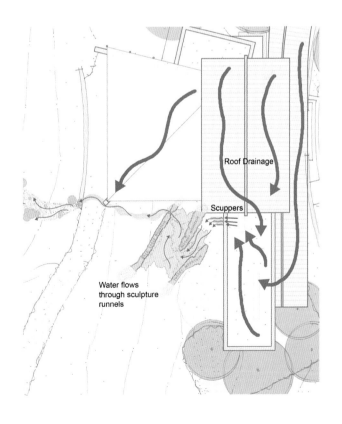

左图：概况。
右图：山脊和山谷的规划。

上图：雨中的景色。
下图：暴雨过后。
右图：矮墙细部。

自由公园

地　　点：南非，茨瓦纳
景观设计：NLA Bagale GREENinc Momo 联合企业
建　　筑：协作建筑师事务所
客　　户：自由公园信托基金
图片提供：格雷厄姆·杨（Graham Young）（60，62），特里斯
　　　　　坦·迈凯轮（Tristan McLaren）（63）

　　自由公园（Freedom Park）是由南非前总统纳尔逊·曼德拉授权的国家遗产项目，用来纪念和传承南非丰富的文化遗产。五个关键要素——// hapo、Isivivane、Sikumbuto、Moshate和Tiva构成了主题的基础，并由无障碍道路系统联系在一起。这些元素都包含在纪念花园当中。Sikhumbuto纪念馆是为了纪念在民主南非诞生过程中，以及各种斗争中倒下的人们。它由姓名墙、圣殿、芦苇、领导陈列馆和Moshate组成。最后阶段人们将看到Tiva和// hapo的竣工过程，它们分别是一个讲解中心和泛非洲的档案馆。

左图：瀑布。
右图：自由公园规划。

上图：瀑布细部。
下图：鸟瞰图。
右图：水中的圣殿。

郑州大学校园中心

地　　点：中国，郑州
景观设计：北京土人景观规划设计研究所
建　　筑：俞孔坚（Kongjian Yu），凌世红（Shihong Ling），牛
　　　　　静（Jing Niu），潘阳（Yang Pan）
客　　户：郑州大学
图片提供：建筑师提供

　　郑州大学新校区的设计体现了一种团结的力量，因为这所新创建的大学是由三个大学合并而成的，目的是与前校区融合在一起。该项目坐落在新校区的中心，正对主教学楼。它也作为生活区和学术教学区之间的既分隔又相连的绿色地带。该标志性的景观能够收集来自校园各处的雨水，植被是由原生植物组成的，能适应四季的变化，不需要特别维护和保养。建造多个小桥的目的则是让人们能够进入景观和那些种植着乡土植物的区域。平台和休息区让学生能够充分与大自然互动。

左图：桥梁和湖泊。
右图：场地规划。

上图：走进大自然。
下图：水上的黑石小径。
右图：水边的浮板。

中央公园

地　　点：卢森堡，基希贝格
景观设计：Latz + Partner，Latz Riehl Partner
客　　户：法国公共关系部
图片提供：Latz + Partner（68，71），迈克尔·拉茨（Michael Latz）（70）

　　该项目是20世纪90年代开始的城市重建事业的一个重要的组成部分。需要将城市的不同区域组成一个紧密联系的居住区和充满活力的城市空间，容纳生活的不同区域，如生活、工作、教育和休闲。在这个过程中，公共露天场所的形状并不是问题，关键是其结构的一致性。典型城区的特点是沿着一条古罗马大道通过大街、广场、花园和公园来构建。在特定的设计语言和"欧洲植物园"中，公园采用当地古老的葡萄园墙的形式，直接与重组的城市街道和城市大街相连。

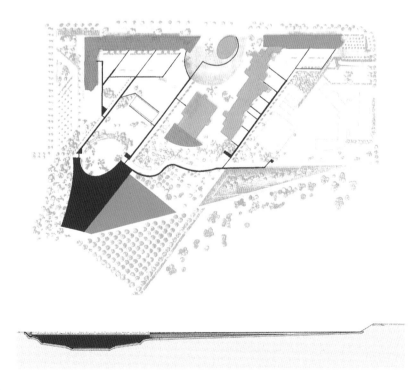

左图：从上面落下的水帘。
右图：场地规划和剖面图。

上图：鸟瞰图。
下图：喷泉。
右图：湖畔露台。

联合国广场

地　　点：瑞士，日内瓦
景观设计：Christian Drevet 建筑设计事务所
建　　筑：Christian Drevet 建筑设计事务所与阿莱特拉·奥蒂斯
　　　　　（Arlette Ortis）
客　　户：日内瓦市
图片提供：阿兰·格兰强普（Alain Grandchamp）

　　联合国广场不同凡响之处包括其人行道设计，喷泉和照明。人行道是由来自20个国家的花岗岩石制成的，具有彩虹的七彩颜色，与日内瓦传统施工材料混凝土的"中性"色调形成鲜明对比。不带水池的喷泉由七排水柱组成，每排水柱有12个喷口，可以喷出各种变幻的图案。该中心区的设计很像一个剧场，与其他部分形成了一个拓扑结构：中心广场就是舞台，两侧是侧舞台，而万国宫则是剧场的穹顶，"休息厅"就是联合国广场花园。

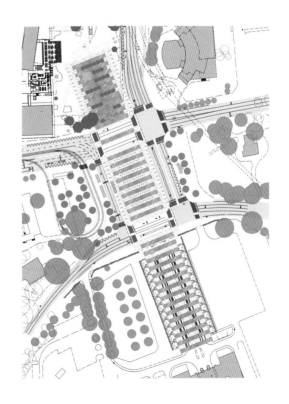

左图：断腿椅子。
右图：总体规划。

上图：侧舞台。
下图：喷水口。
右图：夜景。

Opus 22

地　　点：美国，科罗拉多州，杰纳西
景观设计：Marpa 设计工作室
建　　筑：Sears Barrett建筑事务所
客　　户：詹姆斯·威廉斯（James Williams）
图片提供：马丁·莫斯考（Martin Mosko）

　　位于科罗拉多的落基山脉之中的这家私人花园赢得了许多国家级奖项。其河流和瀑布中的水向下流入一个高山湖泊，而那些巨石本身就已经是令人激动的风景了。水池与更大的游泳池相附和，将人们的注意力吸引到外部更广阔的风景。另一个景色就是穿过山脉中心的水滑梯。通过使用天然石材、原生植物和参天大树，使得景观、环境和家园融为一体。

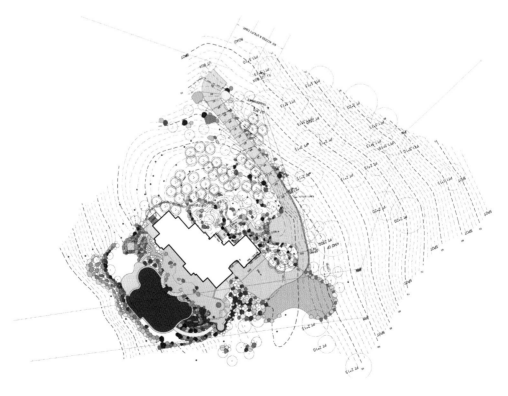

左图：瀑布。
右图：游泳池全景。

上图：从阳台上看到的风景。
下图：小瀑布。
右图：水池和房屋。

斯多拉河

地　　点：丹麦，霍尔斯特布罗市
景观设计：OKRA landschapsarchitecten bv
客　　户：霍尔斯特布罗市议会
图片提供：OKRA

　　通过将不同文化建筑周围的公共空间转变为室外布景，赋予了城市新的活力。"皱褶"创造了一系列由用道路、小景观和休息区组成的连续的空间。以桥为中心，将城市两岸的区域整合在一起，成为一个人们穿行和观赏风景的区域。另外，以前的停车空间变成了一个舞台，有一片巨大的水景和一个长楼梯。一块铺砌整洁的地面上覆有一层水，有时是喷泉，有时是供儿童玩耍的地方，有时只是供人们欣赏景色。

左图：阶梯和水景。
右图：场地规划。

上图：通道对应的海湾。
下图：河上的桥／穿过通道的桥。
右图：戏水的场景。

Campeon

地　　点：德国，诺伊比贝格
景观设计：Rainer Schmidt Landschaftsarchitekten and GTL
　　　　　Landschaftsarchitekten
建　　筑：TEC PCM, Maier Neuberger Architekten
客　　户：Mo To Projektmanagement
图片提供：拉法艾拉·斯尔托里（Raffaella Sirtoli）

　　水能营造意境——无论是视觉上的还是生态上的。占地6.8万平方米的Campeon环形池塘不仅吸引了工作间歇的员工，还净化了空气。池塘的主要水源是雨水和雪。为了保持水质，水需要每年更换一次。水边的长廊和种植着大量树木的广场正对着Campeon。在这里，河岸突然下降，沿着陡峭的草坡或混凝土边缘直接降到水面。小广场就像堡垒一样嵌入池塘。钢制泻水台以及一排座位仿佛在邀请游客在此驻足欣赏美景。

左图：池塘。
右图：场地规划。

上图：不同的河岸。
下图：长廊。
右图：泻水台。

龙城公园

地　　点： 中国，成都
景观设计： 棕榈景观规划设计院，棕榈园林建筑
建　　筑： 章文英（Wenying Zhang）、何伟（Wei He）
客　　户： 成都志达房地产
图片提供： 章文英 （Wenying Zhang）

　　龙城公园是成都的重要工程之一。该场地的西部地形复杂。总体规划充分利用了这些不同的高差和设计的巨大水景，休闲区则尽可能远离了高压电塔。龙石雕塑，"L"形的复杂曲折的水流形状都与龙的主题相关。作为最大的绿地，这个公园的重点是向附近居民提供露天场所，以便人们进行体育活动、集会和其他娱乐活动。

左图：巨石龙雕塑和喷泉。
右图：水景草图。

上图：木制凉亭及瀑布。
下图：观水景。
右图：湖景。

EhMaHo

地　　点：美国，松树城堡
景观设计：Marpa 设计工作室
建　　筑：赛普／布朗建筑师事务所
客　　户：杰里（Jerry）和玛丽·克恩（Mary Kern）
图片提供：马丁·摩斯克（Martin Mosko）

　　之前建造在这里的房屋是朝向一片高尔夫球场，而不是后方的花园。建筑师克里斯·戴维斯设计了一个现代化的全新房屋，朝向美丽的花园。为呼应现有花园和新空间，客户要求 Marpa 新建一个入口花园，这就是"EhMaHo"的由来。从跨过水流的石桥一直到前门，沿着水墙的整体位置都比街道高度低了3米。这样一来，各个方向的水面都变成了无边际的。型板式混凝土墙（4米高）形成了一个以天空为天花板的户外房间。

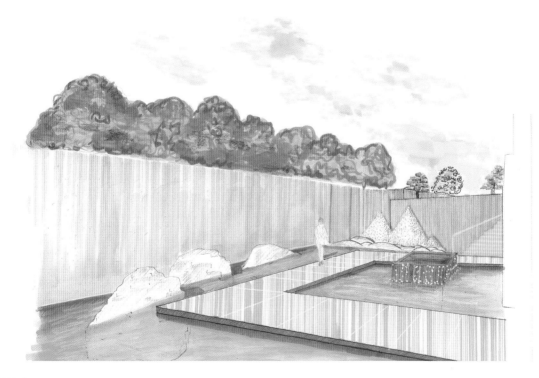

左图：房屋和水景。
右图：草图。

上图：混凝土墙和理查德·李设计的两座雕刻钟。
下图：水面上的石路。
右图：水面上的景色，水墙和花园塑造了一个有声有色的空间。

卡塔琳娜苏尔寿广场

地　　点：瑞士，温特图尔
景观设计：vetschpartner Landschaftsarchitekten AG Zurich
客　　户：Sulzer Immobilien
图片提供：拉尔夫·菲尼尔（Ralph Feiner）

　　该空间的规模、工业和住宅建筑立面的有序排列，以及露天空间和周围的巨大反差都令人印象深刻。该方案的理念建立在一个看似均匀实而多变的表面，而实现融合的主要材料来自于旧工厂。水代表了视觉广度，小水池、溢洪道、娱乐设施都可以成为改变表面的元素和媒介。

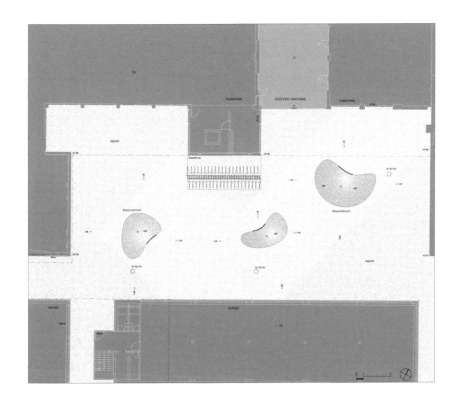

左图：夜景。
右图：庭院规划。

上图：小水池细部。
下图：有座椅的公共露天空间。
右图：小水池。

切尔西庭院

地　　点： 英国，伦敦
景观设计： 夏洛特·罗园林设计
客　　户： 私人
图片提供： 夏洛特·罗园林设计／Light IQ（100，102a，103），安德鲁·尤因（Andrew Ewing）（102b）

　　这个小型庭院（40平方米）是客厅和厨房的入口处，也是一个风景点，亦是这座房屋的主要组成部分。石子路、台阶和长凳表面均由白色石灰石制作而成，这使院子成为室内空间的延续。一米长的悬臂式青铜喷水嘴将水送入狭窄的小溪，并沿着花园流动，在夜间发出光亮，产生令人惊叹的效果。西部的红雪松林中布置了水平棚架向下照明，而在后门的青铜拱顶则提供微弱的照明，营造出繁星满天的夜空效果。植被柔软温和，正好与石头的坚硬对立。

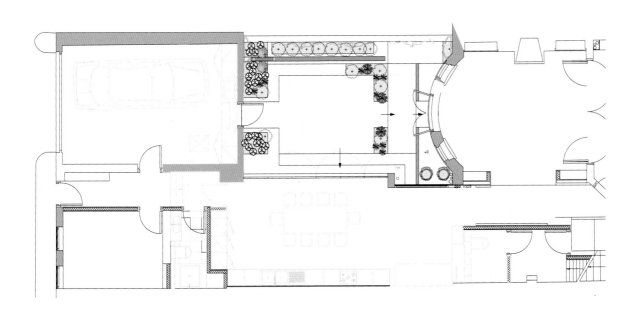

左图：水通过柔软的植被流入细沟。
右图：园林布局平面图。

上图：悬臂式青铜喷水嘴。
下图：庭院和厨房是一个统一的空间。
右图：悬臂式青铜向狭窄的小溪注水。

向日葵浮岛

地　　点：日本，千叶县，Kiminomori新城
景观设计：Ryumei Fujiki + Fujiki Studio，KOU::ARC
建　　筑：Ryumei Fujiki + Fujiki Studio，KOU::ARC
客　　户：艺术画廊
图片提供：Ryumei Fujiki

通过分享夏日里Kiminomori高尔夫俱乐部第八洞池塘摇曳的向日葵风景，该项目的目标是缩短Kiminomori俱乐部和围绕着这个小镇的高尔夫球场之间的心理距离。池塘中一簇簇的向日葵在微风中轻轻摇曳，并且在水面形成美丽的倒影。这看来不切实际的场景是以关键字"自然"为基础创建的。该项目的特点还包括夜间音乐会上点亮的蓝色灯光，这是由Kiminomori高尔夫俱乐部为当地居民提供的。夜晚的花朵在神秘的蓝色灯光下静静绽放，营造出一种与白天完全不同的氛围。

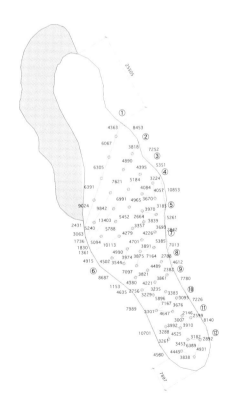

左图：俯瞰水景。
右图：地基和场地规划的局部。

上图：全貌。
下图：漂浮物细部。
右图：水景和房屋。

斯通赫斯特山庄

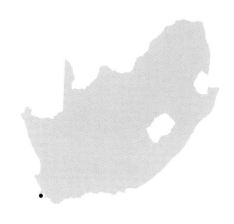

地　　点： 南非，托凯
景观设计： 塔尼亚·德·伊利尔斯（Tanya de Villiers），CNdV Africa
客　　户： Mvelaprop
图片提供： 克里斯托弗·埃耶利（Christof Heirli）

　　斯通赫斯特山庄是在土地严重退化的场地上兴建的住宅。被以前的开发者破坏的地方已经被修复，重新恢复为风景优美的河流和湿地。标牌、细节设计和道路尽头都被设计用来反映山脉的颜色和纹理。现在这些已经过修复的露天空间遍布植物。池塘和芦苇可以净化流经建筑物的雨水。

左图：来搭砌的石头与主水景瀑布。
右图：景观总体规划。

上图：入口和水景的夜间照明。
下图：芦苇和池塘的建立是为了净化流经建筑物的雨水。
右图：入口道路中间有一股细流倾泻而下。

海格维尔德庄园

地　　点： 荷兰，海姆斯泰德
景观设计： Bureau Alle Hosper, De Stijlgroep
建　　筑： Bureau Alle Hosper, MYJ groep
艺 术 家： 赫曼·凡·德尔德斯（Hermine van der Does）
客　　户： 霍普曼 Interheem Groep
图片提供： 彼得·卡尔斯（Pieter Kers）

　　海格维尔德庄园被转变为私人住宅，景观的加入改善了庄园的绿化状态，恢复了西侧严重受损的树林。地下停车场建在一个大池塘下面，入口斜坡周围为玻璃嵌板，可以确保日光进入，喷泉在水面上产生水花。重建的海格维尔德庄园是一个完整的单元，它向公众开放，为不同的用户提供了一个和平、绿色、具有历史气息的氛围。

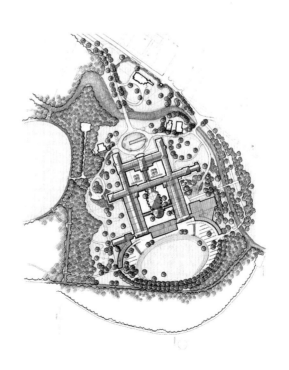

左图：艺术玻璃面板的夜景。
右图：房地产规划。

顶部：主楼的池塘夜景。
下图：主楼的正门。
右图：从西边看的池塘夜景。

美国通用磨坊公司园区

地　　点：美国，明尼苏达州，戈尔登瓦利市
景观设计：Oslund.and.assoc
建　　筑：HGA
客　　户：通用磨坊公司
图片提供：海因里希摄影

　　通用磨坊公司园区是20世纪50年代现代主义与田园景观的共存品。在收购皮尔斯伯里公司之后，园区需要大幅度扩建来容纳两个新建筑物。景观设计师被要求设计出一种景观上的错觉，即新建筑物仿佛漂浮在平静的水面上。场地上的植物直接与建筑毗连，以加强建筑美感。而更远的地方，有连绵起伏的自然景观来强化场地雕塑的美感。

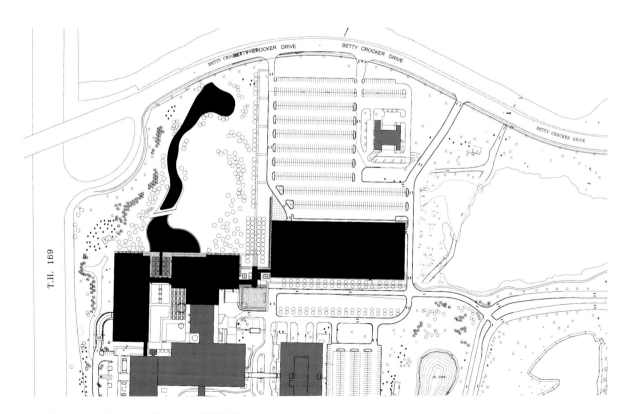

左图：户外用餐露台坐落在新建筑中间，面对着新建的池塘。
右图：通用磨坊公司园区规划。

上图：新建的露台餐厅是大多数通用员工午餐的场所。
下图：穿过池塘，在餐厅露台上看到的田园景色。
右图：正对布洛维斯基雕塑的桥梁对面的水景。

宝元花园

地　　点：中国，杭州
景观设计：棕榈景观规划设计院，棕榈园林建筑
建　　筑：章文英（Wenying Zhang），徐华林 （Hualin Xu）
客　　户：杭州余杭新城房地产
图片提供：章文英（Wenying Zhang）

　　宝元花园的景观设计展示了江南水乡思想和意识形态。两座古老的桥梁被保留下来，目的是象征根源于乡村生活的城市发展过程。一座桥梁修建于明代，另一座则修建于清朝。为了配合中心花园，两座桥梁进行了重建。园林雕塑用来象征着家庭的财富。宝元花园是现代与古老建筑元素、材料的完美结合。

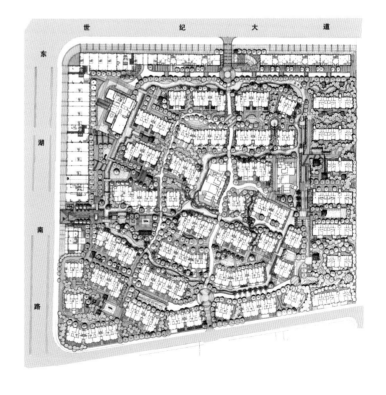

左图：每个建筑周围都有蜿蜒的小溪。
右图：宝元花园总体规划。

上图：建筑、水和树之间的对话。
下图：青铜雕塑和活泼水景和谐融合。
右图：标志性的水景，古老的砖瓦，抽象的汉字图案。

北 岛

地　　点：塞舌尔共和国，北岛
景观设计：帕特里克·沃森（Patrick Watson），格雷格·威佩（Greg Wepene）
建　　筑：西尔维奥·雷希（Silvio Resch），莱斯莉·卡斯腾斯（Lesley Carstens）
客　　户：北岛
图片提供：Chris van Uffelen（124，126b，127），迈克尔·普利扎（Michael Poliza）（126 a）

　　北岛被规划为一个"诺亚方舟工程"，主要是对1826年进行商业开发以来饱受破坏的整个岛屿的恢复。该岛曾经被用来作为水果和香料的种植园，然后从椰肉里榨出椰油。培养和改植本土植物以及清除外来物种是该项目的主要内容。几幢高档别墅采用当地木材和石材纯手工打造。岛屿收益用于资助修复工程。建筑、园林景观及室内设计相互影响形成令人耳目一新的风格。

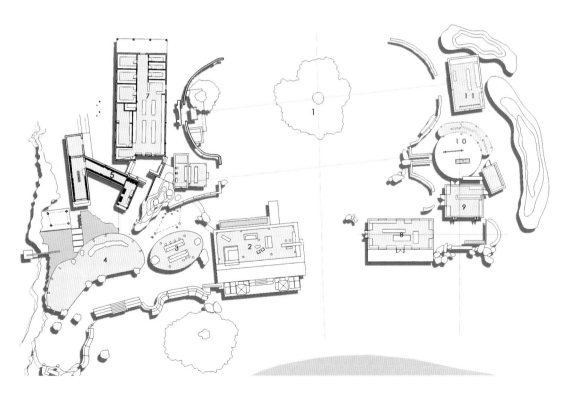

左图：餐厅附近。
右图：中心庭院的场地规划。

上图：别墅。
下图：楼梯石阶。
右图：接待处的水景。

Nolte-Küchen公司信息中心

地　　点：德国，Löhne
景观设计：Nagel Landschaftsarchitekten BDLA
客　　户：Nolte-Küchen
图片提供：Nagel Landschaftsarchitekten BDLA

　　德国Nolte-Küchen公司是以威斯特伐利亚Löhne中部为基地的一家厨具制造商。中央前院位于整体结构的中心，由Nagel Land-schaftsarchitekten设计。大方匀称的楼梯穿过两旁的喷泉一直通向信息中心。个性化的设计元素配合整体，形成了露台水池的美丽水景，并且在金属网面的正面和背面倒映出来。因此，个性化的外观是厨具公司的基础，同时也是身份的体现。

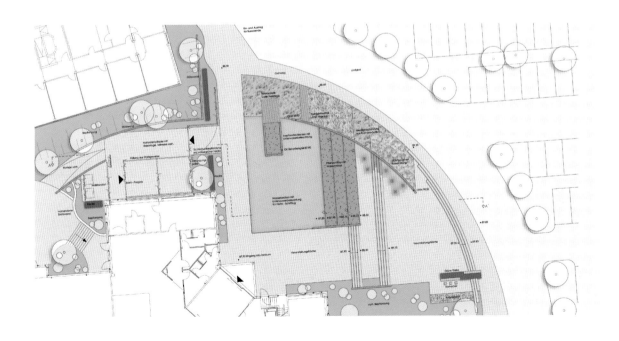

左图：喷泉。
右图：园林规划布局。

上图：夜景。
下图：水冷壁。
右图：露台风景。

终结者2:3D和水区广场

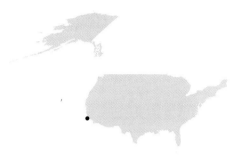

地　　点：美国，加州，洛杉矶市
景观设计：Rios Clementi Hale 工作室
建　　筑：Rios Clementi Hale 工作室
客　　户：环球影城
图片提供：汤姆·邦纳（Tom Bonner）

当终结者2:3D成为佛罗里达州的环球影城主题公园最受欢迎的景点时，环球影城决定进一步增加好莱坞梦工厂的吸引力。剧院建筑选用了《终结者》电脑屏幕画面中使用的视觉抽象"像素"模式，并且用银灰色的生物形态曲线进行诠释：Cyberdyne's 的"变形液态金属"。毗邻的水区广场是一个替代传统娱乐功能的户外场所，它围绕着一个精巧的交互式水景，并提供休息和户外用餐区。

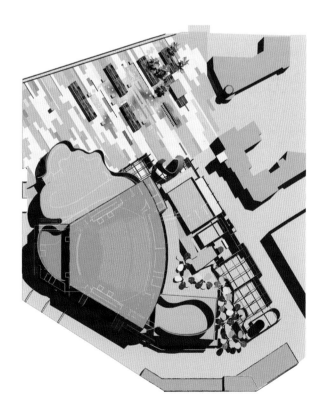

左图：观众穿越水区到达餐厅，零售处和剧院。
右图：终结者2:3D和水区广场场地规划图。

顶部：《终结者》电影中的 Cyberdyne 公司总部大楼成为了背景。
下图：充满生机的广场在零售、饮食及剧场前的交互水景。
右图：水区广场坐落在具有吸引力的终结者 2:3D 环球主题公园前。

广阔天空

地　　点： 加拿大，亚伯达省，卡尔加里市
园林设计： 北方设计事务所
客　　户： 卡尔加里公园
图片提供： 卡尔加里公园（第136页）；Pete North NDO

广阔天空（Big Sky）位于卡尔加里市奥林匹克公园广场的中心喷泉区域。掩映在像素化的天空图形和飞鸟下，无论有没有水，该喷泉区域都是一个引人注目的地方。设施装配可以让游客回忆起亚伯达天空的广阔无垠。一组飞鸟模型随周围灯光、风和水的变化轻盈地移动。飞鸟亦给游客带来大草原的遐想。通过描绘大自然的生机，广阔天空设施装配将广场与广阔的天地融合在一起。

左图：飞鸟细部。
右图：透视图。

上图：水景细部。
下图：全景图。
右图：鸟瞰图。

Pampulha 生态公园

地　　点：巴西，贝洛哈里桑塔市
景观设计：Gustavo Penna Arquiteto & Associados
建　　筑：古斯塔夫·佩纳（Gustavo Penna），阿尔瓦·哈代
　　　　　（álvarro Hardy），玛丽莎·玛查多·科埃略（Mariza
　　　　　Machado Coelho）
客　　户：Prefeitura Municipal de Belo Horizonte for SUDECAP -
　　　　　Superintendência de Desenvolvimento da Capital
图片提供：卓玛·布拉甘（Jomar Braganca）（140, 142），尤金尼
　　　　　奥·帕塞里（Eugênio Paccelli（143）

　　该生态公园建立的目的是对该地区的海岛、半岛和海湾的环境与稳定性进行保护。这些区域的重建能够鼓励各种团体参与各种教育活动，或以动物学和植物学为对象进行科学研究，开展环保教育活动。该公园由五个独立的地区组成——游憩场、再植林木区、湿地、自然保护区和小峡谷，主要对自然保护区进行重点观察。设计导向为保护林地和不同生态系统中的物种。林地间还设有小径供人们欣赏大自然。

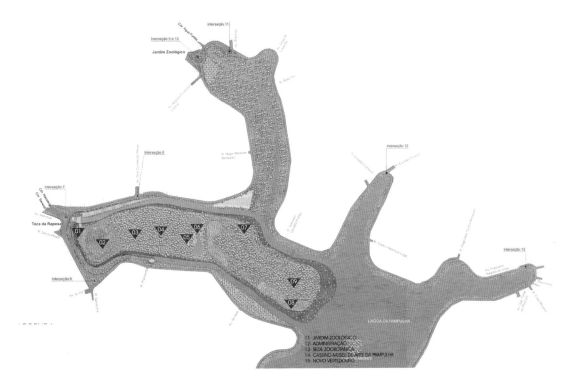

左图：水面上的风景。
右图：场地规划。

上图：草坪和湖泊。
下图：路径和住所。
右图：鸟瞰图。

酷当代经典

地　　点：英国，伦敦
景观设计：夏洛特·罗园林设计
客　　户：私人
图片提供：夏洛特·罗园林设计／Light IQ

　　这个狭长的城市花园由白色石灰石铺设，10米长的小溪上有两个雪松板制的浮桥，几乎与公园长度相当。这个浮桥使边界向前推进，有助于打破空间，以产生更多的空间错觉。雪松长椅和棚架连接了整个区域，玻璃屏风则进一步分化空间。鹅耳枥包围了整个围墙，使花园围墙更为隐蔽，提供更多的私密空间。三株多茎的Amelenchior Larmarkii在石子路和浮桥边生长，郁郁葱葱的常绿植物和常青植物搭配在一起，花园为其中一些重要的植物提供了夜间照明，美景使人流连忘返。

左图：10米长的小溪，带有两个滑水槽。
右图：电脑生成的效果图。

上图：小溪的夜间照明。
下图：从房间看的夜景。
右图：从阳台上看到的小溪景色。

亚兰萨花园水疗中心

地　　点：新加坡
景观设计：Formwerkz建筑师事务所
建　　筑：Formwerkz建筑师事务所
客　　户：私人花园水疗中心
图片提供：莫里斯颜料盒工作室

　　亚兰萨（Aramsa）花园水疗中心是所占公园延伸的概念化设计。从图上来看，曲线网路叠加在现有的结构网格上，将场地划分为不同的区域，也可用于规划和放置循环装置。景观与园林除了作为视线框架以外，还可以作为隐私空间的屏障。后面散布的花园和远处的私人空间都隐藏在弧形墙上的长条开口和栅格之后，形成了一个空间循环和一组不断变化的景色。园林将整个地区整合在一起，同时又区分出不同的区域。

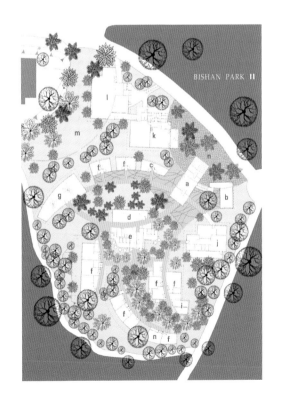

左图：弯曲的网格型路径在不同的景观花园间穿梭。
右图：场地规划。

上图：开放式的入口，同时可以欣赏周围景色
下图：弧形墙壁上的香蒲剪影是景观庭院的主要夜景。
右图：从接待处透过池塘看到的温泉浴场风景。

Minato-Mirai商业广场

地　　点：日本，横滨
景观设计：Earthscape
客　　户：东京 Kaijyokasai
图片提供：Shigeki Asanuma

　　横滨是沿海发展的地区。这些年来，它正通过修建高层建筑，由地面向天空发展。这座艺术建筑的象征为一个位于大海与天空交界处的池塘。在池塘中，与天空相关的文字，倒映在水面中时而出现，时而消失。与大海有关的文字则会在水干涸之后在池塘底部显现。通过这种方式使人们可以回想人类的起源，并重新思考生命存在的意义——人类起源于大海，生存于陆地。

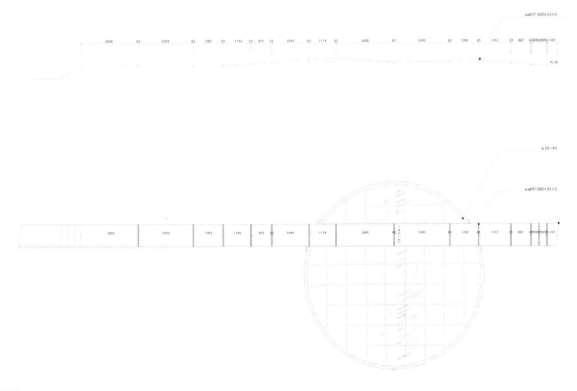

左图：池塘。
右图：场地规划和剖面图。

上图：穿过池塘的小径。
下图：水下的艺术品。
右图：小路上的足迹。

贝克公园

地　　点： 美国，得克萨斯州，达拉斯市
景观设计： MESA
建　　筑： 贝克集团
客　　户： 贝克集团
图片提供： 汤姆·詹金斯（Tom Jenkins）

　　贝克公园位于达拉斯艺术博物馆和纳什尔雕塑中心旁边，是为了纪念贝克建筑创始人亨利·贝克（Henry C. Beck）而建造的。这个获奖的公园有着精致的细节设计，达到了博物馆的级别。几幢建筑提供了不同的关注点和体验。最大的建筑位于林荫下，设有为人们午后户外休息而准备的桌椅；最小的建筑则十分宁静祥和。这个项目是城市品质开放空间中突出的例子，成为新的餐厅和零售空间的催化剂。

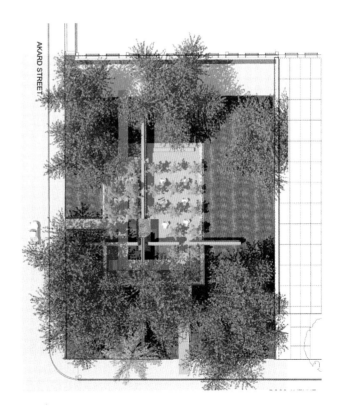

左图：东南边的风景。
右图：植物排列规划图。

上图：从罗斯街看贝克公园的风景。
下图：贝克公园夜景。
右图：宾夕法尼亚青石夜景。

北京红螺湖会所

地　　点：中国，北京
景观设计：MAD建筑师事务所
建　　筑：MAD建筑师事务所
客　　户：北京大地房地产开发公司
图片提供：建筑师提供

　　北京经济和地域的发展与膨胀在过去几年中极大地拉动了周边地区，同时也促进了中国第一个空间地形的发展。这座会所有两个区域，一个是湖面上的漂浮泳池，另一个是水下平台。一座木桥作为入口通向会所。两条主路在房子的中心衔接，在上坡屋顶到达各自的尽头。主路引领游客进入到水平面以下的空间，使游客感觉仿佛在湖中散步。室外泳池建在湖中，与湖面保持在同一水平线上。

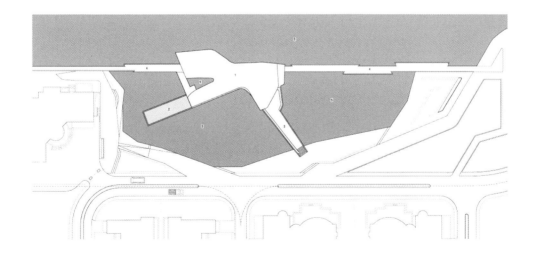

左图：面对堤岸的主路。
右图：场地规划。

上图：通向房子的主路。
下图：带有两座桥的房屋透视图。
右图：黄昏的侧景。

锦绣村

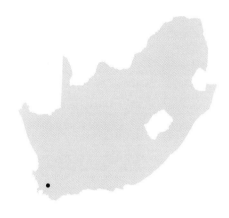

地　　点： 南非，西开普省，帕尔市
景观设计： 塔尼亚·德·伊利尔斯（Tanya de Villiers），CNdV Africa
客　　户： 查尔斯·贝克（Charles Back）
图片提供： 克里斯托弗·埃耶利（Christof Heierli）

　　锦绣村是一个正在进行的景观项目。该项目的独特之处为，项目建设的大部分工作是由景观建筑师指导农场工人来完成的。客户计划将这个老农场改建成一个品尝葡萄酒和奶酪的场所。该农场的道路被改建，并建起挡土墙为历史悠久的建筑创建充满浪漫气息的水平园林空间。墙壁的细节设计和材料的选择采用传统的形式和风格，从选定的植物中就能反映出建筑诞生的时代。山羊塔作为景观的焦点，是奶酪乳品的标志。最近，"Goatshed"餐厅已经加入到werf花园宁静的环境当中。

左图：中央的传统池塘在炎热的夏季能够降低花园内的温度。
右图：园林规划布局。

上面：园林空间上方。
下图：传统材料。
右图：铜绿色的墙壁。

Parque del Agua

地　　点： 哥伦比亚，布卡拉曼加市
建 筑 师： 洛伦佐·卡斯特罗（Lorenzo Castro J），胡安·卡米
罗·桑塔玛丽亚（Juan Camilo Santamaría D.），塞尔吉
奥·加西亚（Sergio Garcia C）
客　　户： Acueducto de Bucaramanga
图片提供： 菲利普·乌里韦（Felipe Uribe）（168），吉列尔·莫
金特罗（Guillermo Quintero）（170a，171），洛伦
佐·卡斯特罗（Lorenzo Castro）（170b）

作为之前的一个水处理工厂，"Morrorrico"从20世纪30年代开始，直到它在2002年关闭，都是布卡拉曼加市的胜地。做出关闭工厂的决定后，供水公司决定将其变成一个开放的城市公共花园。该项目将创建一个全新的自然环境，包含现有的元素：植被、地形地貌、水利基础设施、老厂房的建筑和公司总部的新建筑。新的几何元素以及现有元素逐步与地表适应，在改良地形的同时，地形也被改良。通过精心的地形学设计，布置水路、走道和茂盛的植被，该地区的面貌已经发生了改变，地形表面也更加柔和。

左图：瀑布。
右图：干预层。

顶部：倒影池和公园栅栏。
下图：木制甲板和水冷壁的夜景。
右图：主路和水景。

索 引

设计单位

项目地点

目 录

序 言

　　塞米勒米斯（传说中的亚述女王，奈诺斯之妻，巴比伦之建立者，以其智慧及美貌著称。——译者注）的"空中花园"是古代最为神奇的建筑作品之一。现存的关于这个建筑来源的书面记载很少，该建筑与塞米勒米斯的联系也是在近代才得以确立。同时，有关该花园历史背景的缺失让它愈加披上了神秘的色彩。据推测，这个巨大的露天阶梯看台直接毗邻巴比伦王宫。据说，该花园建于大约公元前600年，是尼布甲尼撒二世为王后安美伊迪丝建造。有关它的文字记载最早出现在公元前4世纪。

　　最迟在公元前100年，该花园与这座城市一起被毁灭。最近证明，"空中花园"源于希腊文的误译，译为"栽植着绿色植被的屋顶平台"更为贴切。尤其是处于沙漠环境里，花园必须有复杂的灌溉系统做支持。但是，"空中花园"的具体位置在当今仍然一个颇具争议的话题。虽然大多数重建的花园都正确地采用了联排式的建筑风格，但是"空中花园"这个令人困惑的名字却一直流传下来，并且某些程度上与同样虚构的巴别塔联系在一起。

　　绿墙（wall of green）这个概念早已出现，它不仅仅指突出、凸伸的树篱，还包括某些源自该建筑本身的东西。几个世纪以来，人们运用攀援或垂挂植物，为建筑赋予了大自然的野趣。即使在今天，联排建筑（terraced building）仍旧与植物、充分的光照、丰富的灌溉水源密切地联系在一起。

21世纪出现了一种新型的墙表植被。2001年，帕特里克·布兰克（Patrick Blanc）在巴黎 André Putman 的 Pershing Hall 酒店内部设计了第一个垂直花园。很多平时生长在树上的热带植物、绿草和多年生植物都被种植在墙面上。为什么先前只能生长在低矮树篱上的植物现在能在高楼的墙面上繁衍得如此郁郁葱葱？2006年，建筑条例的改变让巴黎成为新植物品种的中心，出现了39个垂直花园。垂直花园需要特殊的灌溉系统，要求承重结构必须像表面覆盖层一样牢牢地贴在外墙上。要形成浓密的绿意，每平方米覆盖的绿植有时多达30株。最终，绿墙在景观设计师眼中仿佛是普通景观的90~100度的垂直调换：从平铺的地毯变成垂直的挂毯。

除了这些现代的垂直花园，本书还将介绍"传统的悬挂在空中的"和攀附于正面墙体向上生长的植物。这些植物可以将具有当代特色的所有绿植品种呈现在建筑中。除了建筑美学方面的特点，在地面硬化、滥伐森林、城市休闲缺失的背景下，这些绿化措施还能上升为政治和城市的发展议题。通过尝试结合自然元素和城市建筑密度，我们可以为城市增添一抹绿色，像地毯一样在城市中铺开。如果人们不知道攀爬在墙体上的绿植是人工栽植、引导和修理的，还以为整座城市又开始返璞归真了。

夫里德里克·贾斯廷·贝尔图赫（Friedrich Justin Bertuch）：漂浮（空中）的巴比伦花园，1806（细部图）

Pershing Hall 酒店

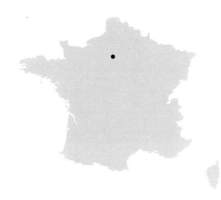

地　　点：法国，巴黎
景观设计：帕特里克·布兰克（Patrick Blanc）
室内建筑：安德里·帕特曼（Andrée Putman）
客　　户：Pershing Hall酒店
图片提供：Pershing Hall（8、10）、Chris van Uffelen（11）

　　巴黎 Pershing Hall 酒店里的这个30米高的垂直花园由帕特里克·布兰克设计。他的受版权保护的〝murs végétaux〞将在世界范围内颠覆城市花园的设计理念。布兰克设计的花园是独创的艺术作品，在经久耐用的 PVC、金属和不可降解的毛毡框架上运用无土栽培技术种植绿色植物。内置式水泵灌溉系统可以保证这些植物生长多年而无缺水之忧。墙体设计运用了一公分厚的PVC板材和毛毡。用〝U〞形钉将毛毡固定在PVC板材上之后，将绿色植物插入毛毡做成的袋子中，然后再用〝U〞形钉牢牢地将绿色植物固定在板材上。布兰克设计中的个性之处在于他运用的植物都是由自己精心挑选。

左：餐厅的内院
右：植物布置图

上：垂直花园前面的自助餐厅
下：餐厅夜景
右：垂直花园

M2 地铁站

地　　点：瑞士，洛桑
设计单位：Bernard Tschumi Architects、M+V Merlini & Ventura
　　　　　Architectes
客　　户：洛桑市交管局（TL Transit Lausanne）
图片提供：Peter Mauss/Esto（纽约）

　　作为主要的售票窗口，该建筑需要为交管部门和整个城市展示一种公共形象。该项目的主要轮廓是弯回的混凝土结构。狭长的广场向前弯回，然后向东返回，形成一个售票厅。人行坡道从西边延伸至地下。高度的错落和结构的弯曲让人想到洛桑的地势特点和阿尔卑斯山的地质史。屋顶和西墙覆盖的绿色植被解决了客户担心的环境问题，但同时为下方的椭圆形设计提供了一个景观堤，让地下轻轨沐浴在阳光下。

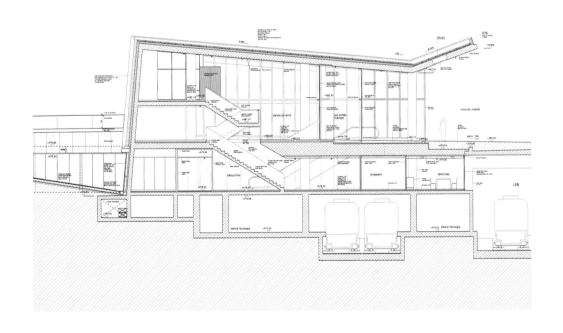

左：东立面图
右：剖面图

上：M2地铁和福降谷铁路的北侧视图
下：俯视图
右：欧洲广场角度视图

Ballet Valet 室内停车场

地　　点：美国，佛罗里达，迈阿密海滩
景观设计：Rosenberg Gardner Design
设计单位：Arquitectonica
客　　户：高盛置业
图片提供：丹·福勒（Dan Forer）（16, 18下, 19）、丹尼斯·威廉（Dennis Wilhelm）（18上）

　　Ballet Valet 室内停车场一共6层，能容纳 646 辆车。它位于历史上有名的南部海滩艺术装饰区。停车场正面的上部由网格状的纤维玻璃结构组成。各个层次融入了水平的海浪风格，让人联想到波涛澎湃的海洋。在网格内，所有不同高度上的隆起之间皆用整齐的花架相连，花架中有各种各样的藤蔓植物，形成一道美不胜收的景观。

　　从第二层开始，各层形成一个垂直的绿色区域，犹如矗立于花木中的纪念性雕塑。该结构地面一层的外立面保留了项目原来的形式，是历史上有名的艺术装饰立面。

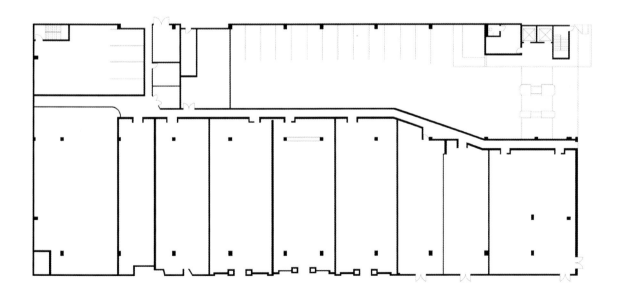

左：东立面图
右：平面图

上：格架和植被详图，东北角
下：沿柯林斯大道的北立面图
右：沿第七大街和柯林斯大道（Collins Avenue）的西南立面图

毗邻布鲁塞尔的住宅

地　　点：比利时，布鲁塞尔
景观设计：帕特里克·布兰克（Patrick Blanc）
设计单位：Philippe Samyn and Partners
客　　户：保密
图片提供：玛丽·弗朗索瓦·普利沙特（Marie Françoise Plissart）

　　该住宅为从事艺术创作的人士建造，包括街面上已有的一座房子。该住宅私密的弧形植被墙将所属空间与北、东、南三面的邻居隔开。相比较而言，西立面完全由玻璃墙组成。最初设计为铜质屋顶和常春藤外墙面，外立面最终选择栽植布兰克挑选的各种异国植物。碧绿的植被覆盖了整个屋顶。隔热、防水和灌溉等系统由萨米恩伙伴建筑师事务所设计。植物用毛毡紧缚在墙体上后再用坚硬的PVC板材将其固定。

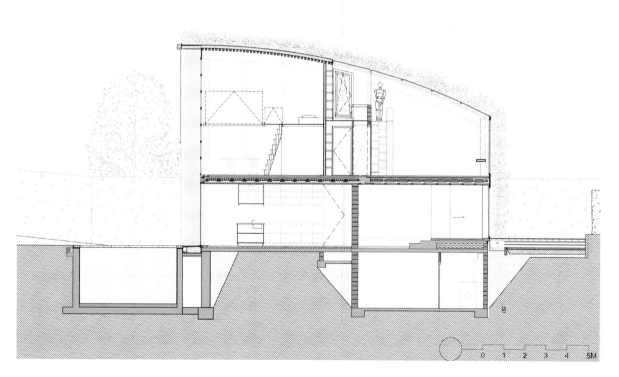

左：立面由延伸到屋顶的绿色植被构成
右：剖面图

上：内景
下：玻璃幕墙
右：内景

新宿花园

地　　点：日本，东京
景观设计：cheungvogl
设计单位：cheungvogl
客　　户：保密
图片提供：cheungvogl /TOYOit（香港）

　　在东京市中心，土地资源很匮乏。静谧的绿色空间少之又少。新宿花园位于车水马龙的东京市中心。设计者有意最大限度地利用现有的露天空间，积极扩展公园的边界，设法将稀缺的自然景观融入到城市的基础设施中。该项目从各个方面唤起了人们的经济、社会、环境和文化意识。为了最大限度地追求投资回报，该项目设计战略将停车空间增加了一倍多，同时还巧妙地运用各种增加绿色元素的机会，降低二氧化碳的排放。该公园还为东京市中心提供了艺术展览空间，增强了这里的艺术和文化氛围。

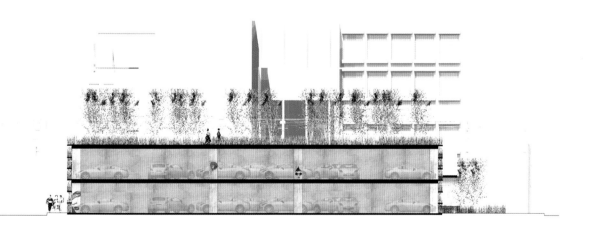

左：街面透视图
右：剖面图

上：停车层立面
下：内部透视图
右：街区立面图

Consorcio 公司圣地亚哥大厦

地　　点：智利，圣地亚哥
设计单位：Enrique Browne 、Borja Huidobro
客　　户：Consorcio Nacional de Seguros
图片提供：Enrique Browne（28、30 右上）、Guy Wenborne（30 左上）、Cristian Barahona (30 上)、Jaime Villaseca（31）

　　该项目包括两个狭长的空间，形成一个长廊，人们可由此长廊进入到建筑中。项目中特别值得注意的地方是对立面的处理。圣地亚哥大厦西侧的立面在夏季会产生温度过高的问题，因此该项目巧妙地运用技术和自然资源，采用内层幕墙与外层植被相结合的双重立面形式。这种"双层植被立面"可以降低太阳热量吸收率。另外，这种结构还可以将该建筑变成一个垂直花园，为建筑赋予了勃勃生机，使其外观可以随季节的变化而变化。

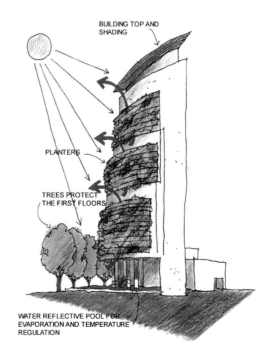

左：街道立面图
右：散热示意图

上：会议室、夏季的双层植被立面图
下：外立面夜景
右：双层植被立面细部图

雷德家的住宅

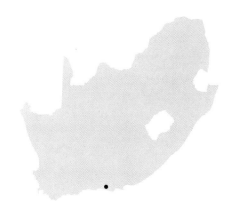

地　　点： 南非，夸祖鲁纳塔尔，斯特洛克
景观设计： Leon Kluge
设计单位： Dean Jay of Jay and Nel Arch
客　　户： 菲奥纳·雷德和迪德里克·雷德（Diederick Reid）
图片提供： 斯文·穆西卡（Sven Musica）（南非内尔斯普雷特）

　　该花园是紧邻游泳池外墙的一部分。主卧空间正对着房子北面的垂直花园和西面的印度洋。界墙极高，如果不加装饰的话，会破坏房子的美感。花园不但要装饰界墙，给光秃秃的区域覆盖上葱郁的绿色，还要与房子的极富现代风格的设计珠联璧合。这里运用颜色明快的植物来突出花园，而不是界墙。这些植物中有凤梨科植物、蕨类植物、沿阶草、景天属植物、空心莲子草。简而言之，这个垂直花园犹如悬于空中的挂毯。

左：正面细部图
右：植物布置透视图

上：衬托大海的绿色垂直景观
下：游泳池
右：细部图

El Japonez餐馆

地　　点：墨西哥城
景观设计：吉列尔莫·阿里东多（Guillermo Arredondo）
设计单位：Cheremserrano
客　　户：Gastronomica Nigiri
图片提供：海梅纳瓦罗（Jaime Navarro）（西班牙）

　　宽敞的露天空间，阳光充足，几乎没有立柱，地面覆盖着树木和植物：这一设计理念在这家餐馆成为了现实。以原生态方式引入植被：没有运用花盆这样易碎的元素，而是巧妙地设计了一堵生机勃勃的绿色长墙。餐馆的地板覆盖着塑料地毯，极易让人联想到极具浓郁日本韵味的榻榻米。立柱的缺少营造了一种独特的感觉：映入眼帘的只有一根立柱，给人这样的印象——长长的空间只靠一个结构部件来支撑。为了避免影响光线的流动和对空间造成的障碍，其他立柱都被隐藏了起来。

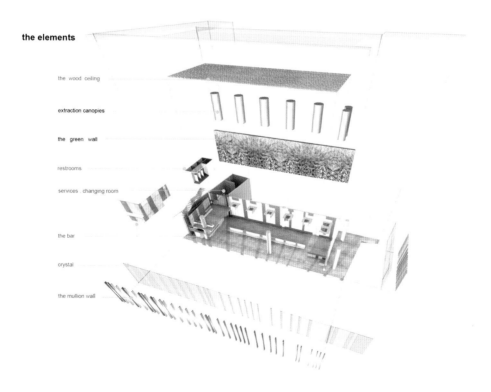

左：绿墙、烧烤桌
右：结构图

上：烧烤桌和柜台
下：远景图
右：餐馆内景

Acros 福冈大厦

地　　点：日本，福冈
设计单位：Emilio Ambasz & Associates, Inc.
客　　户：第一生命保险公司
图片提供：Hiromi Watanabe

　　在 Emilio Ambasz 设计事务所最近的项目中，Acros 福冈大厦是城市、公园风格最为有力的结合。拥有正门的大厦北立面极具轩昂雅致的城市韵味，与其作为福冈金融区最知名大街的大厦身份相一致。一系列梯台式花园一直延伸到大厦的最高处，并沿着大厦南侧向前延伸，最后到达可以俯视整个港口动人景色的巨大观景楼。在公园的15个一层排房下面是大约100,000 平方米的多功能空间，包括展览厅、博物馆、剧院、政府办公室。

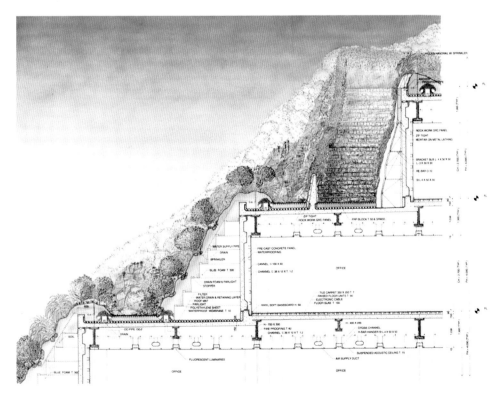

左：外立面、天窗
右：剖面图

上：内景、立面细部图
下：外立面图
右：俯视图

瑞士MFO公园

地　　点：瑞士，苏黎世
设计单位：planergemeinschaft MFO-Park burckhardtpartner 、
　　　　　raderschallpartner ag
结构工程：Basler & Hofmann
客　　户：Grün Stadt Zürich
图片提供：raderschallpartner ag

　　这是为苏黎世北中心规划的四个公园中的第二个公园。该中心人口约为5000人，拥有12,000家公司。公园是一个内外都遍布绿色植物的大厅。长100多米、高17米的钢制结构组成了一个三维的"都市花棚"（urban arbour）。在内部和外部依附钢结构种植的两层花木之间，是一个常见的钢制楼梯和过道，木地板的凉廊向花园内悬出。静谧的花园空间是放松休息的好去处，同时也可以用做舞台表演和音乐会欣赏。清澈的池水和雅致的座椅散落在绿色玻璃碎片的区域内。这里，不锈钢拉线向上与屋顶相连，构成了藤蔓植物攀爬的棚架。

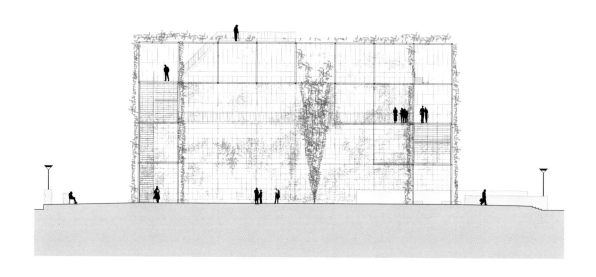

左：立足上层楼面的俯视图
右：剖面图

上：立面和入口、俯视图
下：街道立面图
右：绿植细部图

萨拜恩堤道

地　　点： 墨西哥，圣佩德罗，加尔萨加西亚
景观设计： Ecotono Urbano
设计单位： Biozotea
客　　户： 保密
图片提供： Oswaldo Zurita Zaragoza（蒙特雷市）

　　这是墨西哥最大的私人住所绿墙。其设计意图是将房子融入四周的苍翠繁茂之中。生机盎然的植被墙现已成为花草、蝴蝶和其他昆虫的乐园，对于任何一间屋子里的人来说都是一抹妙趣横生的风景。界定绿色植被墙的线条与屋内家具的设计原则相互映衬，相辅相成——这些家具几乎没有平行线条或曲线。枝叶扶疏、浓密的植被墙与简约的建筑风格形成鲜明的对比，使墙上的植物成为主要的视觉亮点。这个项目中运用的材料和植物都取自当地。

左：距离墙基一米远的蕨类植物
右：植被墙设计图

上：冬日里的植被墙和远山
下：自由生长的植被
右：与单一的水平花园相对比的垂直花园

Natura Towers

地　　点：葡萄牙，里斯本
景观设计：Vertical Garden Design
设计单位：GJP
客　　户：MSF
图片提供：Michael Hellgren

　　该项目包括一个入口区域的室内花园和两座建筑之间的公共广场附近的一个室外花园。户外墙环绕广场的南、东和北三面。北墙因为旁边高大建筑物的阻挡而得不到阳光的直射，因此这面墙上生长着各种蕨类植物和阔叶植物。不同的区域一起创造了一个潮湿的林地意境。直接照进东墙的阳光很少，这里栽种的植物与北墙那边相类似。南墙虽然由于建筑物阻挡了阳光，但这里的阳光条件仍然提供了不同植物的生长条件。与其他方向的外墙不同，这面墙上鲜花盛开，一片姹紫嫣红。

左：沿东墙的楼梯
右：植物布置图

上：室内墙和背景处的主入口、北墙
下：从左向右：北墙、东墙和南墙
右：被小瀑布相隔的室内墙

Edipresse

地　　点： 瑞士，洛桑
景观设计： Hüsler & Associés architects paysagistes
设计单位： Hüsler & Associés architects paysagistes
客　　户： Edipresse SA, Lausanne
图片提供： 设计单位

　　目前，洛桑的 Edipresse 又增加了4层的附属建筑。北立面巧妙地设计了7米长、0.8米宽的两个绿色带，从写字间里正好可以看到它们的浓郁身影。绿色带为空旷、单调的立面增加了勃勃生气。为了与该建筑这一侧阴暗的外观形成对比，立面上栽植了浅绿色叶子的植物：多年生植物、玉簪属植物和日本观赏性枫树。植被颜色和外观的季节变化让这种独特的草木搭配在一年四季都能让参观者赞叹不已。

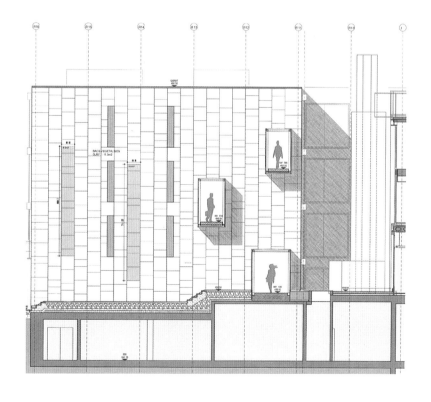

左：仰视图
右：立面设计图

上：侧立面图
下：立面图
右：立面细部图

剧场门厅

地　　点：荷兰，格罗宁根市
景观设计：Sempergreen Vertical Systems BV
设计单位：Sempergreen Vertical Systems BV
客　　户：格罗宁根大剧院
图片提供：Sempergreen Vertical Systems BV

　　室内绿墙位于剧院门厅处，柜台的后面。设计人员对墙体进行了匠心独具的利用，让人感觉到植物是从墙后面自然生长出来的。立面的焦点落在细微之处，饰板在往墙体上安装之前就已经栽植好了各种植物。所有植物均为阔叶类，为的是让墙面呈现枝繁叶茂、苍翠欲滴的感觉。浓密的绿叶为进入门厅的访客营造出一种宜人的氛围，在赋予视觉变化的同时，提供了小聚的去处和交谈的话题。

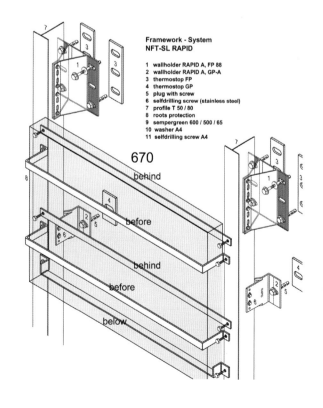

Framework - System
NFT-SL RAPID

1 wallholder RAPID A, FP 88
2 wallholder RAPID A, GP-A
3 thermostop FP
4 thermostop GP
5 plug with screw
6 selfdrilling screw (stainless steel)
7 profile T 50 / 80
8 roots protection
9 sempergreen 600 / 500 / 65
10 washer A4
11 selfdrilling screw A4

670

behind

before

behind

before

below

左：柜台后面的垂直花园
右：框架图

上：柜台后面的垂直花园
下：透视图
右：植被细部图

Ex Ducati 写字楼

地　　点：意大利，里米尼
设计单位：Mario Cucinella Architects
立　　面：Facadesign snc
客　　户：Edile Carpentieri
图片提供：Daniele Domenicali

　　该写字楼面对丁字路口，呈"L"形走向。立面为90度弧形，表面覆盖着人工栽培的绿色植被，打造出一个简洁、紧凑的都市立面。贴近墙表的绿色植物顺钢制花架向上自由攀缘，使整个墙面犹如一个不间断的绿色翠屏。整个外层格架由不锈钢材料制成，稳稳地固定在作为进入写字楼通道的悬出式结构上，营造出垂直的空中花园的意境，让人不禁联想起爬满常春藤的建筑。

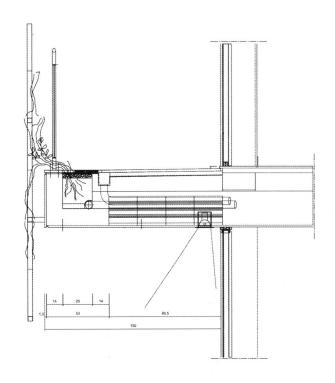

左：入口区
右：立面、绿植细部图

上：步行道和攀缘植物、西南立面
下：街道立面图
右：立面细部图

Open house TEC

地　　点：墨西哥，圣佩德罗，加尔萨加西亚市
景观设计：Ecotono Urbano
设计单位：Biozotea
客　　户：Sorteo TEC
图片提供：Oswaldo Zurita Zaragoza（蒙特雷市）

　　该项目是 Biozotea 为墨西哥的 Open House Tec 所设计。垂直花园在蒙特雷市并不常见。这个花园是其中之一。将这面墙设计在普通会员视力所及的地方，为的是让来访者知道蜗居斗室并不一定意味着必须要远离大自然。绿墙上攀援着种类繁多的植物，在区区15平方米大的地方生长着不下20种花草，其中包括能够在背阴处生长和繁殖的植物。植被墙巧妙地为一件艺术品提供了尽显其出众魅力的艺术背景。

左：艺术表现
右：具有人性化设计的绿墙的总体设计图和剖面图

上：从柜台角度的视图、各种植物
下：从主入口到房子的视图
右：自然生长的多种植物组成的植被墙

Pioneer 公司总部

地　　点：智利，佩恩
设计单位：Enrique Browne、Tomás Swett
客　　户：Pioneer Chile
图片提供：Guy Wenborne（72）、Felipe Fontecilla（74 上、75）、
　　　　　　Enrique Brown（74 下）

　　该项目的设计者是 Enrique Browne 和 Tomás Swett，主要工作是对智利 Pioneer 公司总部重建和改进。垂直公园占据了大楼的整个前立面，改善了整个工厂在公众眼中的外观。先前建设工程积累的大量废土上，依坡度栽植了树木和花草，绿色林木和花草带向前延伸，与办公楼的植被墙和斜面屋顶相接，将办公室与公园融合在一起，并可隔离噪声。总部园区的入口经过北边界线的一条低凹沟地。私人办公室和会议室正对着中央公园。中央公园与垂直花园相接，并继续向远处延伸，打造出自然的通风通道。

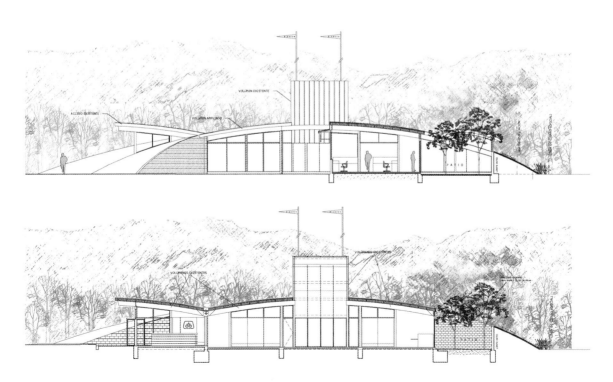

左：鸟瞰视图展示非洲花草和芦荟
右：剖面图

上：附属建筑的侧面图
下：外立面图
右：内景图

06 民居

地　　点：荷兰，阿姆斯特丹
景观设计：Green Fortune
设计单位：i29 interior architects
客　　户：保密
图片提供：设计单位

　　这个阿姆斯特丹民居彰显的是对狭小空间的巧妙运用。强调与大自然的融合是日本建筑文化的一个重要方面。该项目的客户是日本人。这个五脏俱全的室内垂直花园就是融合大自然的一个体现。卧室和浴室隐藏于房子后面的空间里。从开放的起居空间眺望垂直花园和屋顶平台的连接楼梯，这个花园会让人产生一种远离喧嚣的神秘感。垂直花园的美景与极简抽象的白色床/浴室的对比，营造出一种强烈的视觉体验。

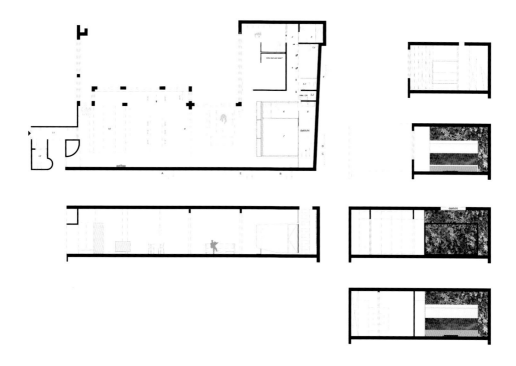

左：透视图、浴室和楼梯
右：植被墙的建筑平面图

上：内景图
下：浴室和通往屋顶平台的楼梯
右：浴室透视图

温室花园

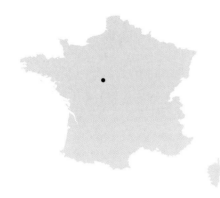

地　　点：法国，肖蒙
设计单位：Edouard François、 Duncan Lewis
客　　户：肖蒙花园节
图片提供：Blaise Porte

　　该项目的设计背景是著名的国际花园节，这个温室尝试运用各种材料和技术，采用"反设计"和"低技术"路线，进行彰显普通人家花园设计方案的基本尝试。其便携式构造仅1吨重，覆盖了150平方米的空间。支撑着PVC棚顶的竹竿通过几乎看不到的细绳相连。拴线的孔眼加固了胶垫，便于塞入另一头，从外面固定整个结构。外面的空气通过镶嵌在外罩上的30个通风扇进入温室。温室周围的绿色植被与花园的竹制结构相互辉映。这种连续一致的感觉升华了内外部的融合。

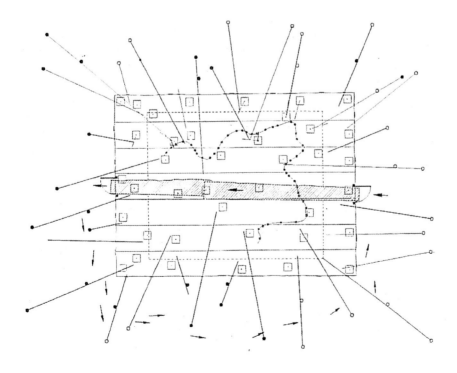

左：入口
右：素描图

上：曙光、印象
下：夜景
右：竹竿

82

Parking

Sihlcity

地　　点：瑞士，苏黎世
景观设计：raderschallpartner ag landschafts architekten
设计单位：Theo Hotz AG、Kuhn Fischer Partner Architekten AG、
　　　　　Vehovar + Jauslin Architektur
客　　户：Credit Suisse, Swiss Prime Site AG
图片提供：raderschallpartner ag

　　该项目的特点是在稠密住宅区内绿色植被的巧妙运用，将绿色植入都市空间。设计新颖的植被区和水景给宽敞的露天空间注入了生机和活力。人造景观让城市贴近自然，延伸了空间的概念。临近广场紧密相挨的垂柳给这里赋予了特殊的品位。旁边的 Kalandarplatz 广场为一年四季的各种活动提供了空间。绿色立面、座椅和垂柳为这里增添了花园般的氛围。

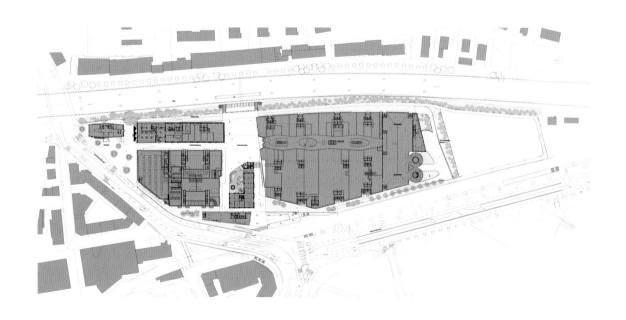

左：绿色立面、公园区域
右：总设计图

上：覆盖着绿色植被的台阶
下：立面详图
右：远景图

DIGI 技术运作中心

地　　点： 马来西亚，雪兰莪州，莎亚南市
景观设计： T. R. Hamzah & Yeang Sdn. Bhd.
设计单位： T. R. Hamzah & Yeang Sdn. Bhd.
客　　户： DIGI 电信有限公司
图片提供： Robert Such

　　该项目是为客户的数据中心而设计。其目的是为建筑物提供有效的排水和防水功能，以保护建筑物里的敏感设备，同时减少由于太阳光照在数据中心内产生的热量。立面巧妙地引入了大面积枝叶繁茂的绿墙。大片的绿色过滤和改善了室内空气的质量。绿墙减少了太阳光照引起的室内温度增加，进而降低了空调的电能消耗和除尘成本，减弱了噪声，为都市中的鸟类和昆虫提供了一个良好的栖息地。收集的雨水用来灌溉植物系统，减少了水的浪费，间接降低了该中心的碳排放。

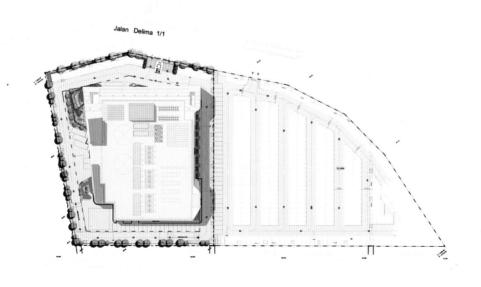

左：街道立面图
右：底层平面图

上：立面详图
下：细部图
右：整体图

佛罗伦萨 Replay 精品店

地　　点：意大利，佛罗伦萨
景观设计：Vertical Garden Design
设计单位：Studio 10
客　　户：Replay
图片提供：Michael Hellgren

　　这是为位于佛罗伦萨的 Replay 新成立的概念店设计的项目。该项目竣工于2009年春季。垂直花园是生态主题的一部分。它覆盖了精品店3层楼的7米高的"L"形墙。该项目的灵感源于温带的矮树丛，整体布局感觉柔和而浓密。深绿色的枝叶中有一些开着小花的植物，就像是深色背景下亮着的小灯笼。植被基部上面覆盖着中等大小的叶子和各种蕨类植物。在这一框架中，栽植着耐受性很强的独居属种。这些植物中一些正在开花，另一些则舒展着具有独特颜色或粗糙表面的叶子。植物的大小和生长习性是挑选这些植物的重要标准。

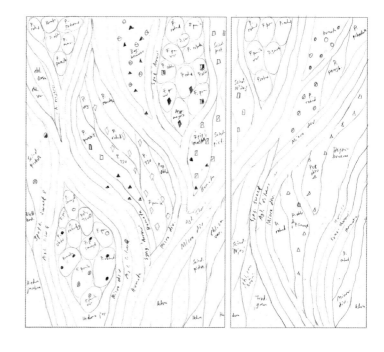

左：从外面向里看
右：植物布置素描图

上：从二楼观看垂直花园、内景图
下：一楼内景图
右：细部图、植物、牛仔裤

蜘蛛侠的房子

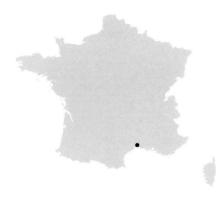

地　　点：法国，尼姆
景观设计：R & Sie(n)-Paris
设计单位：R & Sie(n)-Paris
客　　户：Urbain and Elisabeth Souriau
图片提供：设计单位

　　这个房子就像是森林中的蜘蛛网：为了设计这一不同凡响的项目，设计者专门在树林里制作了一个带有网眼的大蜘蛛网。设计者用一个塑料丝网将树林罩住，在枝条之间营造出迷宫的氛围。其中包括450平方米的两层室内建筑。一个巨大的滑动玻璃门将该建筑与迷宫有机地连接在一起，模糊了内外部的界线。这座蜘蛛侠的房子与周围融为一体。到时候，塑料丝网将融入森林，蛛网状的房子将被抛物线圆弧和独特的顶部下垂网面所代替。

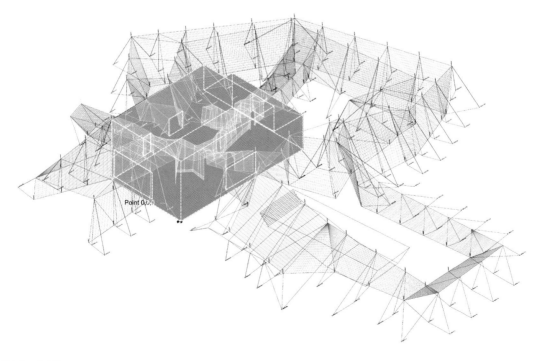

左：通向入口的小径
右："蛛网"迷宫

上：林间小路
下：游泳区
右：从内向外的视图

Theater Studio for University

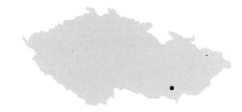

地　　点：捷克共和国，布尔诺市
景观设计：Archteam
设计单位：Archteam、RadaArchitecti
客　　户：布尔诺艺术学院
图片提供：Archteam

　　布尔诺国立音乐学院剧院录制室位于捷克历史名城布尔诺。录制室为混凝土结构，由两个主要区域构成。演出剧场部分与街面处于同一高度，周围是旧房子。第二个区域是一个大花园，绿色立面在视觉上与大花园相连。里面的人可以从茂密枝叶中间的小窗户向外观望。这些小窗户可以让阳光照射进来，但不会破坏绿色立面的连续性。在剧院的前立面上，明亮的大玻璃让阳光肆意倾泻入剧场，给人一种亲近感，似乎在邀请街道上的行人进入剧场一饱眼福。

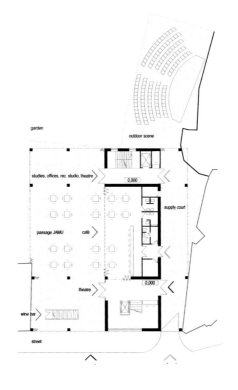

左：站在 Minorit 花园角度的视图
右：底层平面图

上：鸟瞰图、透视图
下：站在Orli街上的视图
右：透视图

布朗利码头博物馆

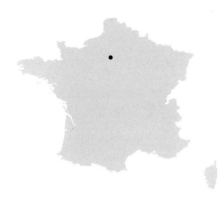

地　　点：法国，巴黎
景观设计：Patrick Blanc（植被墙）
设计单位：Atelier Jean Nouvel
客　　户：布朗利码头博物馆管理机构
图片提供：Patric Blanc（106）、Chris van Uffelen（104、**107**）

　　这个博物馆收藏了先前散藏于该城市很多博物馆的有关非欧洲文化的展品。该建筑位于一个绿色如茵的花园内。博物馆一层的四面保持开放状态，不影响花园各个部分之间的整体性。这个占地18,000平方米的花园将品种各异的花草作为自己的主题。12米高、200米长的植被墙将花园与繁忙的布朗利码头隔开。沿西部边界，也就是沿布朗利码头的绿墙的800平方米的外部面积和150平方米的内部面积内汇集了来自日本、中国、美洲和中欧地区的15,000种植物。

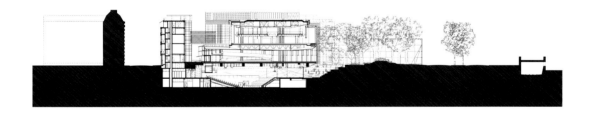

左：覆盖布朗利博物馆办公楼外立面的植被墙
右：剖面图

上：街道立面图
下：植被墙
右：立面细部图

生态公园

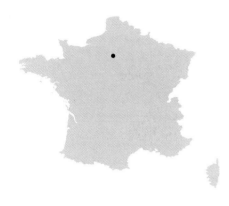

地　　点：法国，巴黎
景观设计：Raphia
设计单位：Valode et Pistre
客　　户：Sagi
图片提供：Michel Denancé

　　这座宏伟建筑的主体结构历经时间的考验风采依旧。后来增建的空间重组，调整和定义了空间格局。建筑空间被分拆，城市街区的核心区域被改造成广场。修整的山墙隐藏在金属花架之中，支撑着绿色植被。立面逐渐延伸至屋顶，将先前极为简朴的街区中心变成了一个绿色环境。一个上面茂密地生长着玫瑰、风铃草、爵床莨苔、铁线莲的波浪形棚架又将绿意成倍延伸。浓郁的绿色遮挡了墙面，让办公空间免受烈日侵扰的同时，也给这里增添了蓬勃的生机。

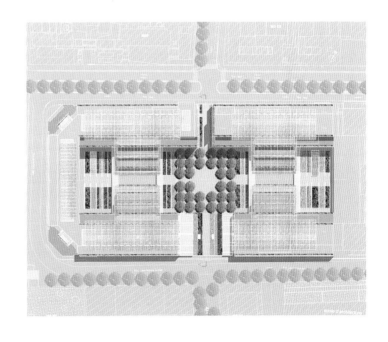

左：街道立面图
右：总设计图

上：内院
下：后立面图
右：街道立面图

好莱坞娱乐城

地　　点：墨西哥，蒙特雷
景观设计：Ecotono Urbano
设计单位：Biozotea
客　　户：好莱坞娱乐城
图片提供：Oswaldo Zurita Zaragoza, Monterrey

　　在墨西哥蒙特雷这个具有极端温度的城市，绿色屋顶和植被墙仍旧是新兴德事物。这个项目属于最早一批向公众开放的垂直花园。起初，它只是一个装饰方案，目的是提升外立面的美感，因为它正对着这座城市最为重要的大街。在后来的设计过程中，设计机构提出利用空调系统排出中的冷凝水来灌溉植被墙。这个创意不仅解决了植被墙长期用水的问题，也解决了这座大楼周围所有花园的灌溉问题，每年能节省75, 700升水。植被墙上的迷迭香还能起到装饰娱乐城自助餐厅的作用。

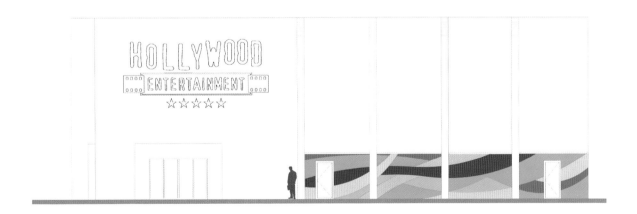

左：空间和外观是这面植被墙的重要元素
右：具有人性化设计的植被墙

上：临街的绿墙.
下：安装两个月之后
右：绿墙的四个剖面之一

F 住宅

地　　点：西班牙，阿利坎特
设计单位：Joaquin Alvado
客　　户：保密
图片提供：设计单位

　　该项目的底层占据了大约700平方米的所有可用面积。内部和外部之间的界限相当模糊。设计规划改低了底层的高度，这样花园就可以延伸至房屋的顶层，让房屋成为一个宜居景观和动态结构。玻璃的反光可以投射到 F 住宅的不同平面上，将植被和天空融入到立面当中。

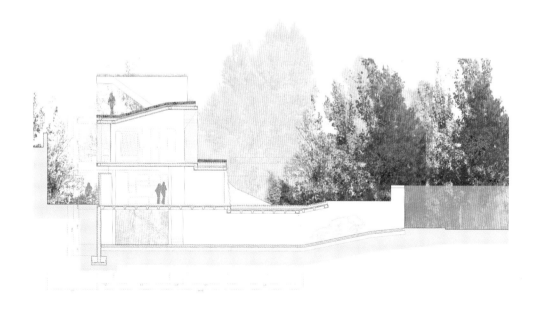

左：后立面图
右：剖面图

上：街道立面
下：花园视图
右：带有游泳池的后院

山顶庄园

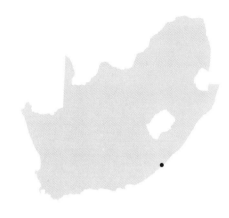

地　　点：南非，巴利托市
景观设计：Uys & White Landscape Architects
客　　户：Elides Investments cc
图片提供：Lucas Uys

　　山顶庄园当初设计为有大约100个建筑场地的住宅小区。庄园入口的位置地势陡峭，所以需要将6米高的挡土墙进行柔化，使其满足该项目环境的要求。因此，每隔一段距离，挡土墙上的缝隙里就会种植可以在岩缝中生长的无花果，为涂上当地土壤颜色的粗糙墙面提供了动态的根雕艺术。低调的门房采用的是平台屋顶，上面覆盖着满是绿意的非洲花草和芦荟。该庄园的景观构成了敏感的夸祖鲁纳塔尔海边森林系统的一部分。

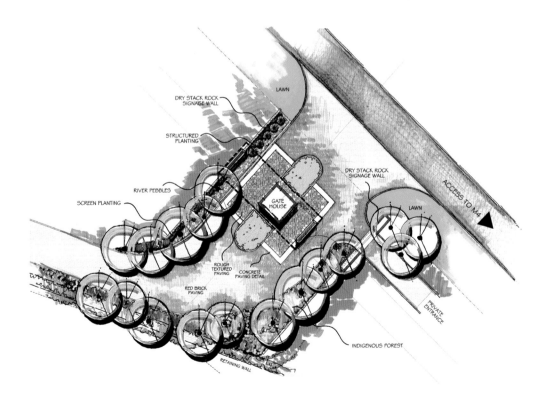

左：非洲花草和芦荟鸟瞰图
右：植物布置图

上：预制花盆、具有非洲景观特色的门房
下：门房（背景是种植着无花果的挡土墙）
右：排列整齐的无花果树

威尔逊酒店

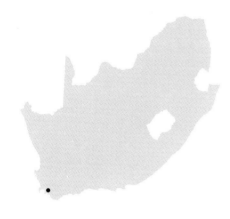

地　　点：南非，西开普省，格拉布（Grabouw）市
景观设计：Leon Kluge
设计单位：Alan Walt Architect + Associates
客　　户：威尔逊家族
图片提供：David Davidson

　　该花园位于格拉布市葡萄酒庄园的附近，距离开普敦约40千米。葱郁的大山、碧绿的葡萄园、自然生长的灌木林环绕周围，这个精品酒店依强轴设计，前门是该轴的焦点。为了强调入口，所以设计了垂直花园。垂直花园朝西设计，这意味着花园植物将暴露在强烈的阳光下。因此，必须选择能耐恶劣条件的植物。出于这个原因，设计者选用了本地植物：除了灯芯草、菖蒲、火炬花、青锁龙之外，还有茅膏菜属植物。

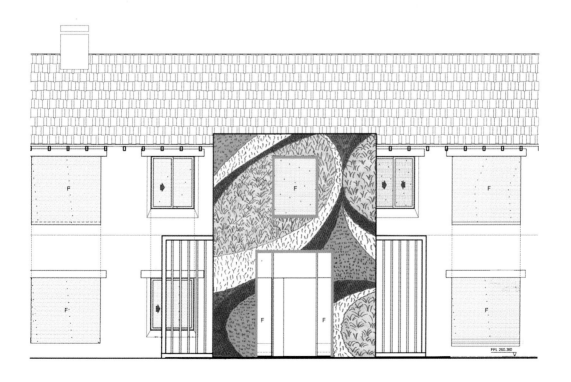

左：入口
右：植物布置图

上：前立面图
下：门框
右：植物细部图

Procore

地　　点：荷兰，新芬讷普
景观设计：Sempergreen Vertical Systems BV
设计单位：Sempergreen Vertical Systems BV
客　　户：Procore
图片提供：Sempergreen Vertical Systems BV

安装了这面绿墙之后，荷兰的这座办公楼的入口就焕然一新了。原先普通的砖墙变成了充满生机、色彩和情趣的绿色立面，与周边运河环绕的绿色环境相得益彰。绿墙为西南走向，上面的各种绿色植物、鸟类、昆虫赋予了绿墙鲜活的野趣。绿墙的外观依季节的变化而变化，为鸟类和昆虫提供栖息之地的同时，也为大楼的使用者增添了一种回归大自然的感觉。灌溉系统是全自动设计，由传感器控制，准确地将定量的水和营养物提供给墙上的植物，没有任何浪费。

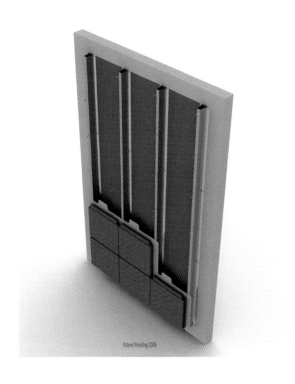

左：绿色立面
右：格架系统

上：前面种植着黄杨的绿墙、黑色框架里的植物
下：仰视图
右：植物细部图

沙拉台

地　　点：澳大利亚，新南威尔士，克罗努拉
景观设计：Co-ordinated Landscapes and Elmich Australia
设计单位：Turf Design Studio
客　　户：Turf Design Studio
图片提供：Simon Wood

　　沙拉台项目参加了2004年在悉尼皇家植物园举行的"未来园林建筑环境"展。该展品展示了怎样在实际应用中将环境的可持续性融入现代生活之中。2005年，沙拉台应邀参加在悉尼奥林匹克公园中进行的"未来居室"展。该项目提供了一个模块式的、垂直的种植结构，其占地面积要小于普通花园。将沙拉台融入植被墙内可以为独立生长的植被（self sufficiency）怎样融入当代都市生活提供一个有趣的启示。

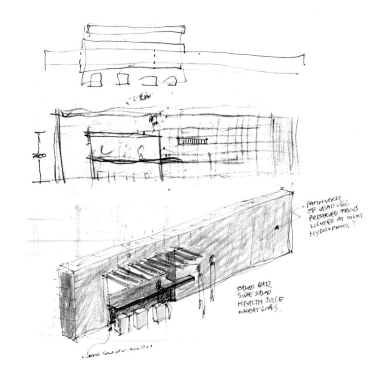

左：让人充满遐想的垂直花园
右：素描图

上：植被墙细部图、新鲜沙拉前的孩子们
下：吧台细部图
右：沙拉台夜景

葡萄酒广场公园

地　　点：法国，波尔多
景观设计：Patrick Blanc、Michael Desvigne
图片提供：Patrick Blanc

　　该公园位于法国波尔多的现代广场，其主要特色是一个长约100米的垂直花园。该花园的设计者是法国的植物学家帕特里克·布兰克。该广场为城市中心提供了一个绿色空间。垂直花园竣工于2007年，由很多种植物、结构和颜色构成。将毛毡用"U"形钉钉在一公分厚的PVC板上，然后将PVC板固定在墙表。然后，将植物插入到毛毡袋里，再用"U"形钉将植物紧紧地固定住。花园四周有篱笆围拦。为了确保不受破坏，广场在夜间不向游人开放。

左：100米长的垂直花园细部图
右：素描图

上：城市的绿色空间
下：垂直花园前的游人
右：细部图

Z58

地　　点：中国，上海
设计单位：隈研吾建筑设计事务所
客　　户：中泰照明
图片提供：Mitsumasa Fujitsuka

　　这座建筑由隈研吾建筑设计事务所设计。该项目包括多个立面。房间和花园位于大楼的顶层，为的是给前来参加会议的世界各国的设计师提供舒适的住宿和起居空间。该建筑的下部由门廊、展示空间和一个"玻璃瀑布"环绕的会议空间组成。这个玻璃瀑布提供了该建筑与门前番禺路的柔性连接。立面的灵感来自于"绿色百叶窗"，它用镜面不锈钢制成的大花盆来设计一个常绿藤蔓遮帘，将门廊与外面的番禺路隔开。

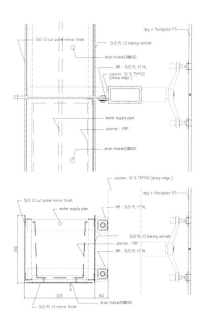

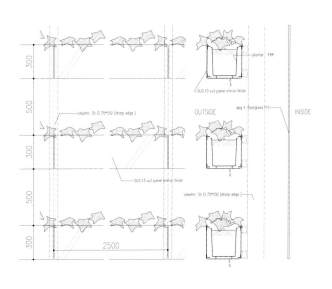

左：入口区
右：立面细部图

上：立面细部图、内景图
下：街道立面图
右：立面夜景

Solar das acacias

地　　点: 莫桑比克马普托市
景观设计: Leon Kluge
设计单位: CNBV
客　　户: 洛雷罗（Loureiro）夫妻
图片提供: 斯文·穆西卡（Sven Musica）（南非共和国内尔斯普雷特市）

　　该花园位于莫桑比克马普托市的主街上。该建筑的门口右侧有一个漂亮的马赛克艺术品。这个花园就是该建筑大门左侧的"艺术品"，实现了立面两侧的平衡。漂亮的马赛克艺术品位于花园前面较远处，绿色立面必须与主题相一致。整个建筑距离海滩很近，有机造型和圆圈结合使用，模仿水的流动，最后结束于右上方窗户周围的太阳形圆圈。这个造型平衡了门口另一侧的马赛克太阳图形。该设计中有凤梨科植物、兰花、蕨类植物、莲子草、半插花属。

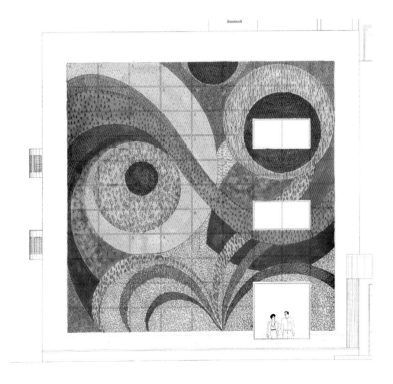

左：街道立面图
右：植物布置图

上：前立面图
下：立面细部图
右：植物细部图

大学医院

地　　点：比利时，布鲁塞尔
景观设计：Philippe Samyn and Partners
设计单位：Philippe Samyn and Partners
客　　户：布鲁塞尔自由大学医院
图片提供：Marie-Françoise Plissarts

　　该项目为布鲁塞尔的大学医院和行政办公室而设计。化验室的设计结构犹如一个小丘，为的是不破坏周围建筑物的视野。立面上覆盖着一层泥煤和常春藤，让这个建筑在融入周围环境的同时不会遮挡或在气势上压过其他已有建筑。医院仍可一览无余地环视整个布鲁塞尔。绿色覆盖的立面也比传统的平面屋顶更为美观。透过高处的大量缝隙，阳光可以倾泻入化验室。上层办公室设计有可以眺望远方全景的长长的凸出的窗户。沿着玻璃窗有一个宽敞的平台。

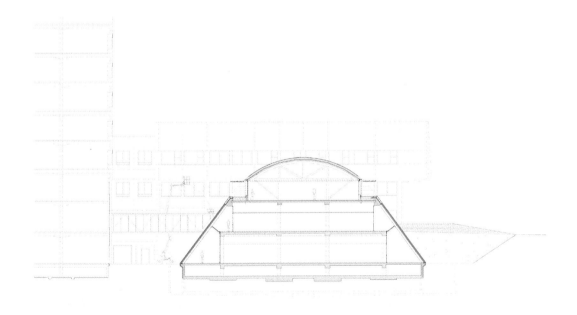

左：立面夜景
右：剖面图

上：内景、办公室、内景、自助餐厅
下：外立面图
右：外部远景图

UBC 表演艺术中心

地　　点：加拿大，温哥华
景观设计：Cornelia Oberlander、Elizabeth Watts
设计单位：Bing Thom Architects
客　　户：英属哥伦比亚大学（UBC）
图片提供：Nic Lehoux

　　由 Bing Thom Architects 设计的这个表演艺术中心位于一个小的雪松和枞树林之中。该建筑表面覆盖着与翠绿的周边环境相一致的天然材料。主体部分广泛覆盖着锌板。因为日晒雨淋，其外观随着时间的流逝而悄悄地发生变化。在一年的大部分时光里，常春藤从最高处垂下，遮映着建筑物的四面，进一步将该中心与周边环境融合在一起。同时随着季节变化的藤蔓还能折射出寒暑的变迁。设计者深谙设计音乐厅时混响间的重要性。因此，设计师的使命实际上是在设计小提琴精细的内部结构，使之帮助实现音乐会、乐曲和戏剧表演的最佳音响效果。

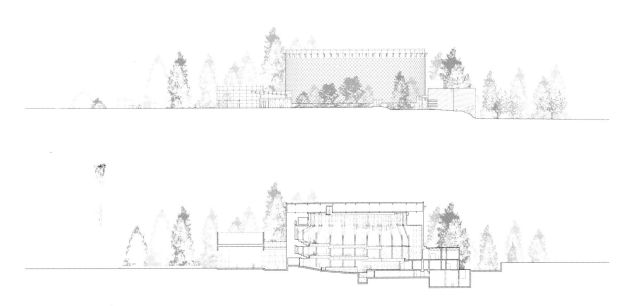

左：装饰着绿色立面的大门
右：南立面图、剖面图

上：门口、内部音乐厅
下：花园
右：绿色映像装饰的门厅

118 Elysées

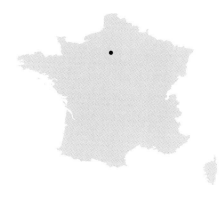

地　　点：法国，巴黎
景观设计：AW²
设计单位：AW²
图片提供：Tendance Floue（巴黎）

　　AW²受托对位于香榭丽舍大道上的这座建筑进行全面改造，对原有的外立面和内部设计进行了全面修复。改造后的院子引入了一个垂直花园，在匠心独运的空间里改变了整个建筑的感观和意境。这是最为突出的特征，为工作空间的所有使用者提供了一种新奇的感受。一面可丽耐涂料涂刷的白墙，饰以后光的植被图案，让人联想到中央庭院的垂直花园，完全改变了先前入口的设计。

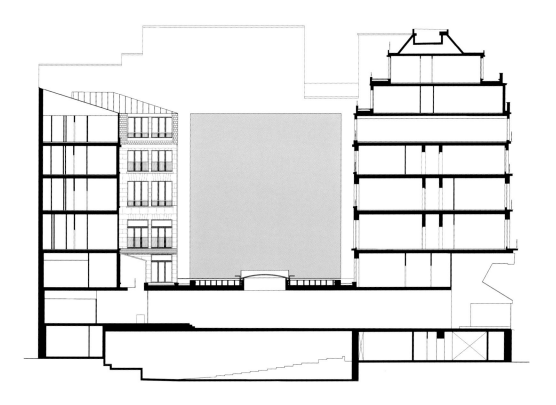

左：建有垂直花园的院子
右：剖面图

上：主要入口、办公室
下：办公室和垂直花园
右：建有垂直花园的院子

种子柱

地　　点：美国，纽约城
景观设计：Michele Brody
插　　图：Michele Brody
客　　户：AIG
图片提供：Michele Brody（纽约）

　　该项目借鉴了野生草甸坡的形式，用令人耳目一新的方法改善了城市行人的日常生活。装饰有花边的垂直布置的花盆连系在建筑脚手架上，为钢筋水泥的丛林提供了清新、凉爽的环境。该项目后面的房屋建筑意欲将水栽垂直花园这一高效利用空间的生态技术与室内空间结合起来。其做法是在城市街道公共建筑背景下巧妙地运用花边窗帘布和一年生草本植物。外表面是基于美学上的选择，让人联想到都市家庭内部装饰的离奇之处。

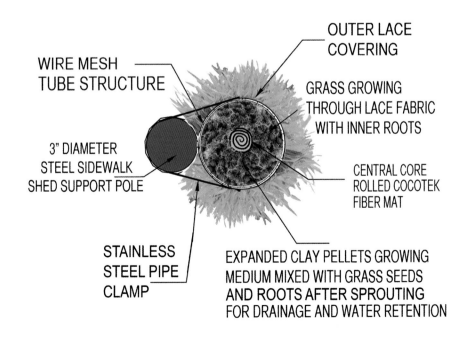

WIRE MESH TUBE STRUCTURE

OUTER LACE COVERING

GRASS GROWING THROUGH LACE FABRIC WITH INNER ROOTS

3" DIAMETER STEEL SIDEWALK SHED SUPPORT POLE

CENTRAL CORE ROLLED COCOTEK FIBER MAT

STAINLESS STEEL PIPE CLAMP

EXPANDED CLAY PELLETS GROWING MEDIUM MIXED WITH GRASS SEEDS AND ROOTS AFTER SPROUTING FOR DRAINAGE AND WATER RETENTION

左：种子柱和路边棚架柱细部图
右：剖面图

上：种子柱和城市隔离栅、过道
下：入口区域
右：种子柱和路边棚架柱细部图

El Charro 餐馆

地　　点：墨西哥城
天花板设计：Jeronimo Hagerman
设计单位：Cheremserrano
客　　户：Gastronomica del Amor
图片提供：Jaime Navarro（西班牙）

　　这家墨西哥餐馆位于墨西哥城的 La Condesa。设计师可以巧妙地干预有限的空间，在满足实际需求的同时表达和展示了客户的个性和品位。墨西哥画家 Jeronimo Hagerman 参与了这个项目的设计，为该项目设计了天花板。他将自己的这一设计称之为"Ando volando bajo"（我在低空飞行）。天花板覆有黑色的带有孔眼的保护层，紫色和粉色的多裂花从天花板上垂下，形态各异，争奇斗艳，让人联想到墨西哥的云朵和鲜花景观。地板是深色地砖铺就，一个木质平台将顾客带入餐厅空间。

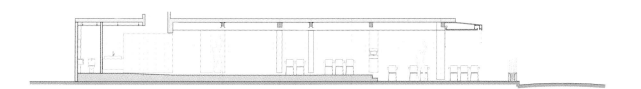

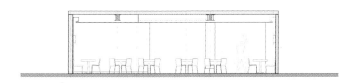

左：内景图
右：剖面图

上：外视图
下：远景图
右：饰着鲜花的天花板和大餐桌

生态大道

地　　点：西班牙，马德里
景观设计：ecosistema urbano architects
设计单位：ecosistema urbano architects
客　　户：马德里市政住房和土地管理局（EMVS）
图片提供：Emilio P. Doiztua

　　该生态大道的设计方案可以定位为城市的再利用项目。它由几个步骤组成：安装三个聚集人气的"空中树林"区域，加大现有位置上的树林密度，减少交通路线，干预当前城市化的表面，重新设计城市发展计划。三个"空中树林"区域起着露天广场的作用。这个临时性的修复，直到不需要空调的时候，这个区域就会被"固定"下来。一段时间之后，这些设计就会被拆除，留下宛如林中空地的空间。

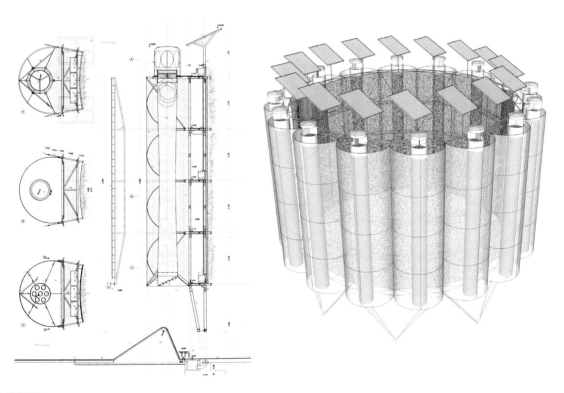

左：影音树塔立面图
右：气候调节塔、剖面图和三向投影图

上：影音树塔、绿墙细部图；气候树、气候调节塔内部图
下：娱乐塔
右：娱乐塔（背景是影音树塔）

索 引

设计单位

项目地点